U0186979

电力电缆故障测试方法与案例分析

DIANLI DIANLAN GUZHANG CESHI FANGFA YU ANLI FENXI

朱启林 李仁义 徐丙垠◎编著

本书分为理论知识和案例分析两大部分进行编写，理论知识部分主要包括：电力电缆故障测试的基础知识，电力电缆故障查找的准备工作与故障性质诊断，电力电缆故障的测距方法，电力电缆故障测距设备，电力电缆路径的探测与故障定点，电力电缆路径探测与故障定点设备；案例分析部分主要包括：高压电缆主绝缘故障测试案例，低压电缆故障测试案例，单芯高压电缆护层故障测试案例。

本书通俗易懂，图文并茂，案例丰富、实用，是一线从事电力电缆故障查修工作人员工作的好帮手，也可作为电气技术工程人员的参考用书。

图书在版编目（CIP）数据

电力电缆故障测试方法与案例分析/朱启林，李仁义，徐丙垠编著.—北京：机械工业出版社，2008.1（2024.5 重印）
ISBN 978-7-111-22882-0

Ⅰ.电… Ⅱ.①朱…②李…③徐… Ⅲ.电力电缆－故障检测 Ⅳ.TM755

中国版本图书馆 CIP 数据核字（2007）第 182626 号

机械工业出版社（北京市百万庄大街 22 号　邮政编码 100037）
策划编辑：徐彤、陈玉芝
责任编辑：陈玉芝　版式设计：冉晓华　责任校对：李秋荣
封面设计：王伟光　责任印制：郜　敏
北京富资园科技发展有限公司印刷
2024 年 5 月第 1 版第 10 次印刷
184mm×260mm · 9.5 印张 · 196 千字
标准书号：ISBN 978-7-111-22882-0
定价：35.00 元

电话服务
客服电话：010-88361066
010-88379833
010-68326294
封底无防伪标均为盗版

网络服务
机　工　官　网：www.cmpbook.com
机　工　官　博：weibo.com/cmp1952
金　　书　　网：www.golden-book.com
机工教育服务网：www.cmpedu.com

前　言

随着电力电缆在电网供电中的普遍采用，电缆的数量有了很大的增长，电缆的故障也随之增多。电力电缆故障如何探测，怎样能快速准确地查找到故障点的精确位置，缩短故障的修复时间，成为各供电企业越来越关心的问题。

电力电缆故障探测是一项技术性与经验性都比较强的工作。长期以来，测试人员所掌握的探测技术与测试经验大都是从现场实际测试中获得的。然而，对一个供电部门的检修人员来说，其所辖范围的电缆故障的数量并不是很多，从实际工作中获取故障测试技术与测试经验的机会也就不是很多，要想全面掌握电缆故障测试这门技术并拥有丰富的测试经验，需要长期的一线工作经验的积累和不断地与同行进行技术交流。因而，如何能尽快地培养出成熟的故障探测人员是各供电企业十分关心的事情。

本书就是为解决上述问题，为在一线从事电缆故障查修工作的人员编写的。书中录入了大量的测试案例，使读者无须亲自到测试现场就能掌握故障测试的方法及测试经验。而为了使读者能真正地理解和掌握这些经验和方法，书中不惜笔墨对同一个问题进行多次说明。

在本书的案例分析中，录入了大量的测试波形。这些波形都是实际测试所得的波形，十分难得，在录入本书的过程中，为了使读者能得到第一手资料，尽量保持了波形的原貌。但由于在测试现场打印的原因，有的不太清楚，有的走纸发生偏斜，而有的在现场就进行了手工描绘，使波形有些变形，读者阅读时只需注意波形的走势，以及实光标与虚光标所在的位置就可以了。

本书分为理论知识和案例分析两大部分进行编写。前六章为第一部分，主要介绍电力电缆故障的测试方法和各种方法的操作步骤；后三章为第二部分，主要介绍各种电压等级电缆故障的测试案例，在案例中，将测试经验与测试体会进行提炼，以便引起读者的注意。

本书的作者和在测试案例中提到的为本书提供案例的各位工程师都拥有丰富的测试经验，如方便和需要，读者可和他们进行交流。

参加本书编写的有上海输配电公司的李仁义，山东科汇电气股份有限公司的徐丙垠、朱启林等，西安交通大学李明华博士审阅了全书。承蒙哈尔滨电力公司电缆工区的王作君、呼和浩特供电公司的杨喜平、大庆电力公司电缆工区的赵文辉、厦门电力公司的陈志坚、深圳供电公司的谭波、山东科汇电气股份有限公司的宫士营、刘领校、李成刚、陈玺、黄启会等工程师提供资料与测试案例，在此表示衷心的感谢。同时，在编写本书时还得到了山东科汇电气股份有限公司的黄艳红女士与王承明先生的帮助，在此一并表示感谢。

在本书中介绍的一些测试经验与体会，都是作者个人的看法！限于水平，书中难免存在错误和不妥之处，敬请广大读者和同行指正。

作　者

扫描下方二维码，观看操作视频！

目　　录

第二部分　案例分析

第一部分　理论知识

电力电缆的故障探测，必须分清故障类型，选择合适的测试方法，遵照一定的测试步骤进行。

第一章　电力电缆故障测试的基础知识

第一节　电缆的用途、结构及分类

随着国民经济的飞速发展，全国各大、中型工矿企业以及城市电网改造等对电力电缆的需求正日益增长，电力电缆得到了广泛的应用。

一、电力电缆的用途及其优点

电力电缆主要是用于传输和分配发电厂（所）发出的电能，并兼作为各种电气设备间的连接之用。在城区配电线路中，采用电力电缆输送电能比架空线，具有一定的优越性，它占地面积小，供电可靠，不受外界影响，对人身比较安全，运行简单，维护工作量小，且电缆电容较架空线大，有利于提高电网的功率因数等。

二、电力电缆的基本结构

如图 1-1 所示，电力电缆主要由线芯（导体）、绝缘层和护层（套）三部分组成，不同的部分材质不同，发挥着不同的作用。

线芯是传导电流的通路。常用的电缆线芯材料是铜或铝。它们具有较高的导电性能和较小的线路损耗。

绝缘层可以隔绝导体上高电场对外界的作用，常见的绝缘材料有：油浸纸、聚乙烯、聚氯乙烯、交联聚乙烯、乙丙橡胶等。

护层又称为护套，保护电缆线芯和绝缘层，使线芯、绝缘层免受外界损伤、受潮、渗透、腐蚀等作用。一般由金属护层与绝缘护层两部分组成。

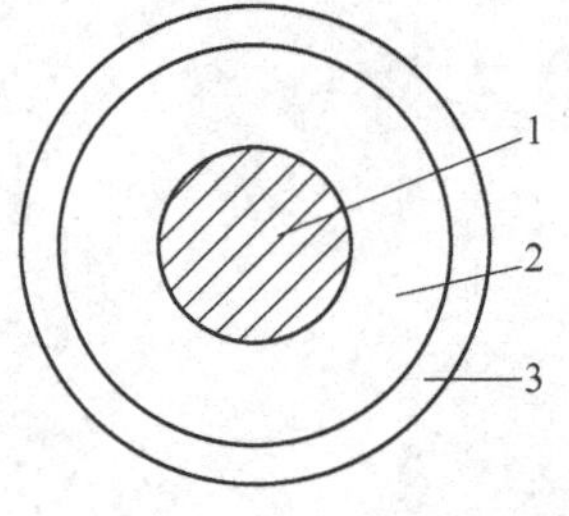

图 1-1　单芯电缆的基本结构
1—线芯　2—绝缘层　3—护层

三、电力电缆的分类

（1）按传输电能形式分　有交流电缆和直流电缆等。

（2）按结构特征分　有统包型、分相型、钢管型、扁平型、自容型电缆等。

（3）按电压等级分　有超高压型、高压型和低压型电缆等。

（4）按芯数分　有单芯电缆和多芯电缆等。

（5）按敷设环境分　有直埋、排管、隧道、架空、水底过河、大高落差电缆等。

（6）按电缆的绝缘材料不同分　有如下种类：

1）油浸纸绝缘电缆：包括铅包、铝包、铠装和无铠装等。常见的三芯油浸纸绝缘电缆结构如图 1-2 所示。

2）塑料类电缆：有聚乙烯、聚氯乙烯和交联聚乙烯电缆等。其中交联聚乙烯电缆

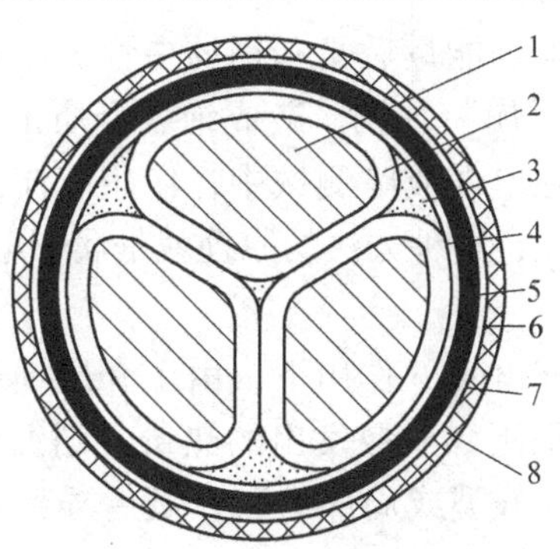

图 1-2　三芯油浸纸绝缘电缆结构

1—线芯　2、4—纸绝缘　3—填料　5—铅（铝）包　6—内衬垫　7—金属护层（铠装）　8—外绝缘护层

较为常见，其单芯与三芯电缆的结构如图 1-3 和图 1-4 所示。

3）橡胶类电缆：常见的有天然橡胶电缆，复合橡胶电缆等。它的电气性能和耐老化性能较好。

4）其他绝缘材料的电缆：有充气电缆、充油电缆等。

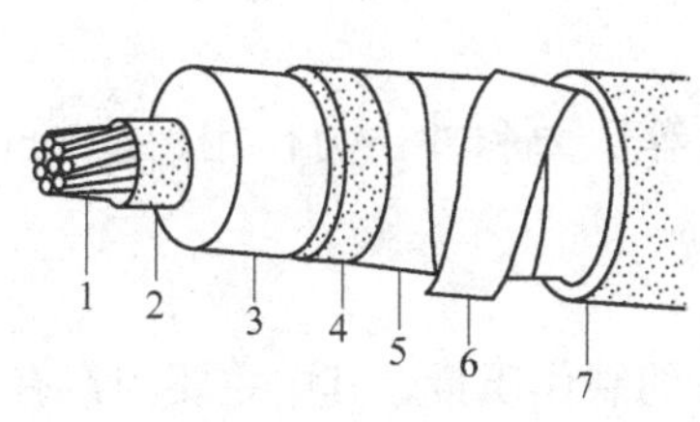

图 1-3　单芯交联聚乙烯电缆结构

1—线芯　2—内半导体层　3—交联聚乙烯绝缘层　4—外半导体层　5—铜屏蔽层　6—金属护层（铠装）　7—外绝缘护层

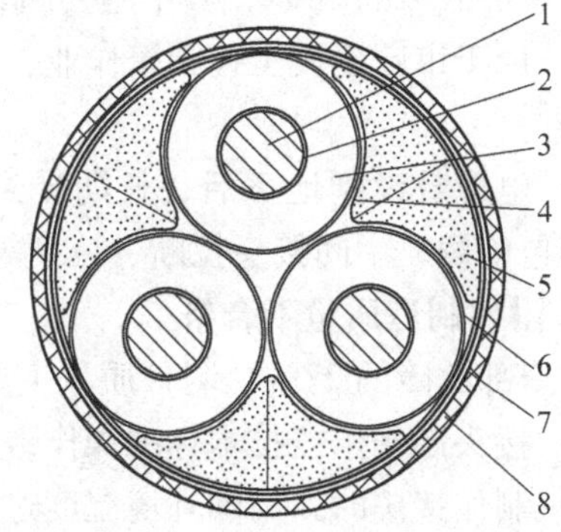

图 1-4　三芯交联聚乙烯电缆结构

1—线芯　2—内半导体层　3—交联聚乙烯绝缘层　4—外半导体层　5—填料　6—铜屏蔽层　7—金属护层（铠装）　8—外绝缘护层

第二节　电缆故障产生的机理与原因

一、击穿机理

电缆故障点击穿基本上可分为电击穿与热击穿两种形式。

1. 电击穿

电击穿是当电压很高，电场强度足够大时，介质中存在少量的自由电子将在电场作用下产生碰撞游离，自由电子碰撞中性分子，使其激励游离而产生新的电子和正离子，这些电子和正离子获得电场能量后又和别的中性分子相互碰撞，这个过程不断发展下去，使介质中电子流"雪崩"加剧，造成绝缘介质击穿，形成导电通道，故障点被强大的电子流瞬间短路。在电缆故障测试中，使用直流高电压或冲击高电压使电缆故障点击穿，其作用时间很短，这种方法的原理就是属于电击穿。

2. 热击穿

热击穿是电缆绝缘介质在电场的作用下，由于介质损耗所产生的热量使绝缘介质温度升高，若发热量大于向周围媒质散发出的热量，则温度持续上升，随着温度不断升高，使绝缘介质发生烧焦、开裂或局部熔断，最后导致击穿。热击穿电压作用时间长，一般发生在电缆运行过程中。

二、产生故障的基本原因

故障产生的原因和故障的表现形式是多方面的，有逐渐形成的也有突然发生的，有单一型的故障，也有复合型的故障。总之，发生故障后，如果能及时找出故障点，并进行修复，可有效防止事故的进一步扩大。

国内电缆故障产生的原因主要有以下几种：

1. 外力破坏

占全部故障的58%，其中主要因素有：

1）由于市政建设工程频繁作业，不明地下管线情况，造成电力电缆受外力损伤的事故。

2）电缆敷设到地下后，长期受到车辆、重物等压力和冲击力作用，造成电缆下沉、铅包龟裂、中间接头拉断、拉裂等事故的发生。

2. 附件制造质量不合格

占全部故障的27%，附件质量主要指的是接头的制作质量，其中主要因素有：

1）接头制作未按技术标准操作，制作工艺不良，密封性能差。

2）制作接头时，周围环境湿度过大，使潮气侵入。

3）接头材料使用不当，电缆附件不符合国家颁布的现行技术标准。

4）电缆接头盒铸铁件出现裂缝，砂眼，造成水分侵入，形成击穿闪络故障。

5）纸绝缘铅包电缆搪铅处，有砂眼、气孔或封铅时温度过高，破坏了内部绝缘，使绝缘水平下降。

6）塑料电缆由于密封不良，冷、热缩管厚薄不均匀，热缩后反复弯曲引起气隙，造成闪络放电现象。

3. 敷设施工质量

占全部故障的12%，其中主要因素有：

1）电力电缆的敷设施工未按要求和规程进行。

2）敷设过程中，用力不当，牵引力过大，使用的工具、器械不对，造成电缆护层机械损伤，日久产生故障。

3）单芯高压电缆护层交叉换位接线错误，使护层中的感应电压过高，环流过大引发故障。

4. 电缆本体

占全部故障的3%，主要有电缆的制造工艺和电缆绝缘老化两种原因引起的。其中：

1）电力电缆制造工艺故障。由于电缆线芯同纸绝缘中的浸渍剂、塑料电缆中的绝缘物等物质，各自的膨胀系数不同，所以在制造过程中，不可避免地会产生气隙，导致绝缘性能降低。

同时，如果电缆在制造过程中，绝缘层内混入了杂质，或半导体层有缺陷（同绝缘剥离），或线芯绞合不紧，或线芯有毛刺等，都将会使电场集中，而引起游离老化。

交联聚乙烯电缆中由杂质和气隙引起的一些故障点击穿现象一般在电缆绝缘中呈“电树枝”现象，如图1-5所示。

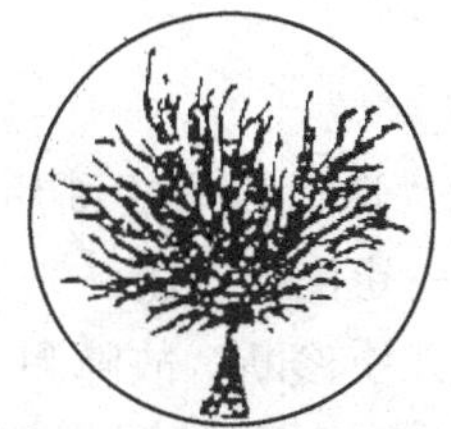
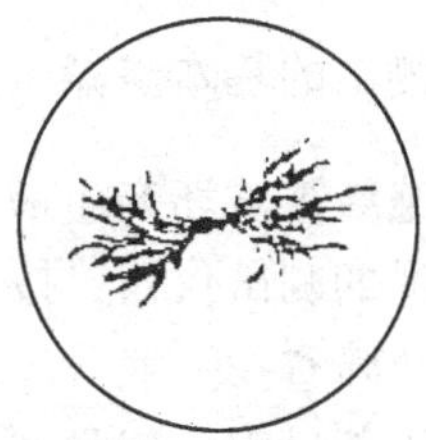

图1-5 聚乙烯绝缘层中的“电树枝”现象

2）因电缆老化而引起电缆故障。其主要因素有以下几种：

● 有机绝缘的电力电缆长期在高电压或高温情况运行时，容易产生局部放电，从而引起绝缘老化。

● 电缆内部绝缘介质中的气泡在电场作用下，产生游离，使绝缘性能下降。

● 塑料类绝缘的电缆中有水分侵入，使绝缘纤维产生水解，在电场集中处形成“水树枝”现象，使绝缘性能逐渐降低，如图1-6所示。

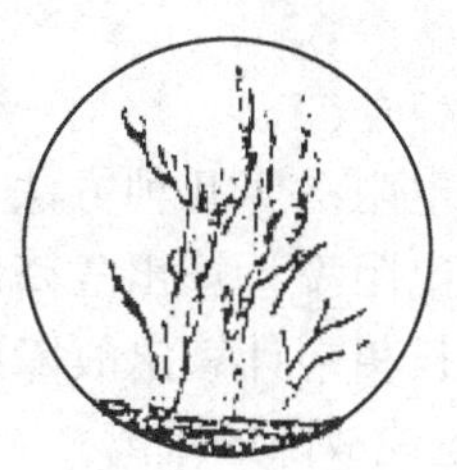
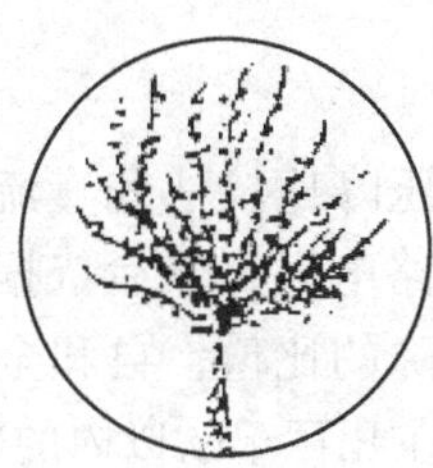
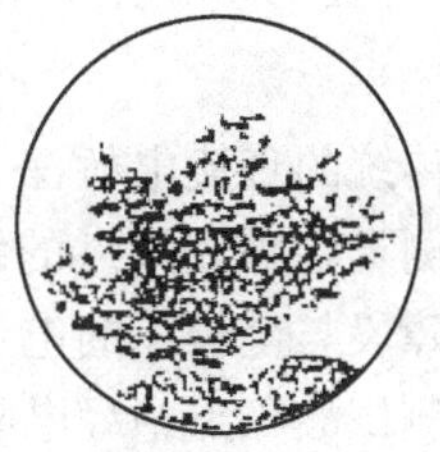

图1-6 聚乙烯绝缘层中的“水树枝”现象

● 在油浸纸绝缘的电缆运行时间过久时，会发生电缆中绝缘油干枯、结晶，绝缘纸脆化等现象。

● 若电缆敷设后，长期浸泡在水中，经过含有酸碱及其他化学物质的地段，致使电缆铠装或铝包腐蚀、开裂、穿孔、塑料电缆护层硫化等。这时一般会出现“电化树枝”现象，如图1-7所示。

只有充分了解和详细分析这些故障产生的前因后果，以及电缆路径上的外界环境，才能“对症下药”，采取必要措施，防止情况进一步恶化，并尽快找到故障点。

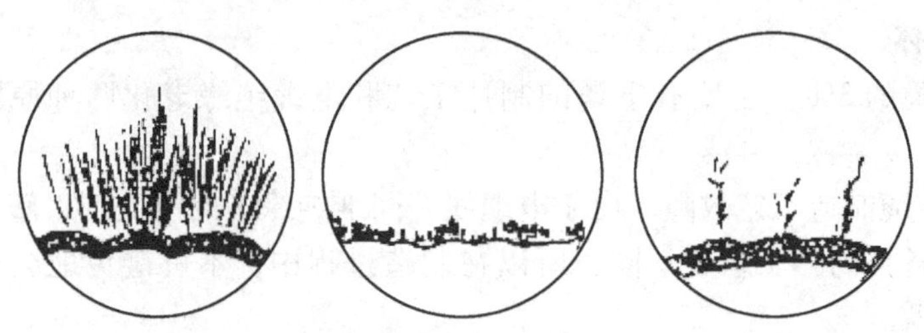

图 1-7 聚乙烯绝缘层中的“电化树枝”现象

第三节 电力电缆故障测试的基本步骤与测试方法

一、故障测试的基本步骤

一旦电缆绝缘被破坏产生故障、造成供电中断后，测试人员一般需要选择合适的测试方法和合适的测试仪器，按照一定测试步骤，来寻找故障点。

电力电缆故障查找一般分故障性质诊断、故障测距、故障定点三个步骤进行。

故障性质诊断过程，就是对电缆的故障情况作初步了解和分析的过程。然后根据故障绝缘电阻的大小对故障性质进行分类。再根据不同的故障性质选用不同的测距方法粗测故障距离。然后再依据粗测所得的故障距离进行精确故障定点，在精确定点时也需根据故障类型的不同，选用合适的定点方法。

例如：对于比较短的电缆（几十米以内）也可以不测距而直接定点；但对长电缆来说，如果漫无目的地定点将会延长故障修复时间，进而可能会影响测试信心而放弃故障的查找。

二、故障测距方法

1. 电桥法

主要包括传统的直流电桥法、压降比较法和直流电阻法等几种方法。它是通过测量故障电缆从测量端到故障点的线路电阻，然后依据电阻率计算出故障距离；或者是测量出电缆故障段与全长段的电压降的比值，再和全长相乘计算出故障距离的一种方法。一般用于测试故障点绝缘电阻在几百千欧以内的电缆故障的距离。

2. 低压脉冲法

又称雷达法，是在电缆一端通过仪器向电缆中输入低压脉冲信号，当遇到波阻抗不匹配的故障点时，该脉冲信号就会产生反射，并返回到测量仪器。通过检测反射信号和发射信号的时间差，就可以测试出故障距离。该方法具有操作简单、测试精度高等优点，主要用于对断线、低阻故障（绝缘电阻在几百欧以下）进行测试，但不能测试高电阻故障和闪络性故障，而高压电缆中高阻故障较多。

3. 脉冲电压法

该方法是通过高压信号发生器向故障电缆中施加直流高压信号，使故障点击穿放电，故障点击穿放电后就会产生一个电压行波信号，该信号在测量端和故障点之间往

返传播，在直流高压发生器的高压端，通过设备接收并测量出该电压行波信号往返一次的时间和脉冲信号的传播速度相乘而计算出故障距离的一种方法。此方法对高低阻故障均能进行检测，但用这种方法测试时，测距仪器与高压部分有直接的电气连接，可能会有安全隐患。

4. 脉冲电流法

这种方法和脉冲电压法一样，也是通过向故障电缆中施加直流高压信号，使故障点击穿放电，然后通过仪器接收并测量出故障点放电产生的脉冲电流行波信号在故障点和测量端往返一次的时间，来计算出故障距离的一种方法。不同的是，该方法是在直流高压发生器的接地线上套上一只电流耦合器，来采集线路中因故障点放电而产生的电流行波信号，这种信号更容易被理解和判读，同时电流耦合器与高压部分无直接的电气连接，因此安全性更高。

5. 二次脉冲法

这是近几年来出现的比较先进的一种测试方法。是基于低压脉冲波形容易分析、测试精度高的情况下开发出的一种新的测距方法。

其基本原理是：通过高压发生器给存在高阻或闪络性故障的电缆施加高压脉冲，使故障点出现弧光放电。由于弧光电阻很小，在燃弧期间原本高阻或闪络性的故障就变成了低阻短路故障。此时，通过耦合装置向故障电缆中注入一个低压脉冲信号，记录下此时的低压脉冲反射波形（称为带电弧波形），则可明显地观察到故障点的低阻反射脉冲；在故障电弧熄灭后，再向故障电缆中注入一个低压脉冲信号，记录下此时的低压脉冲反射波形（称为无电弧波形），此时因故障电阻恢复为高阻，低压脉冲信号在故障点没有反射或反射很小。把带电弧波形和无电弧波形进行比较，两个波形在相应的故障点位置上将明显不同，波形的明显分歧点离测试端的距离就是故障距离。

使用这种方法测试电缆故障距离需要满足如下条件：一是故障点处能在高电压的作用下发生弧光放电；二是测距仪器能在弧光放电的时间内发出并能接收到低压脉冲反射信号。在实际工作中，一般是通过在放电的瞬间投入一个低电压大电容量的电容器来延长故障点的弧光放电时间，或者精确检测到起弧时刻，再注入低压脉冲信号，来保证能得到故障点弧光放电时的低压脉冲反射波形。

这种方法主要用来测试高阻及闪络性故障的故障距离，这类故障一般能产生弧光放电，而低阻故障本身就可以用低压脉冲法测试，不需再考虑用二次脉冲法测试。

用这种方法测得的波形比脉冲电流或脉冲电压法得到的波形更容易分析和理解，能实现自动计算，且测试精度较高。

依据脉冲计数方法的不同，也可被称为三次脉冲法或多次脉冲法。

三、故障定点方法

1. 声测法

该方法是在对故障电缆施加高压脉冲使故障点放电时，通过听故障点放电的声音来找出故障点的方法。

该方法比较容易理解，但由于外界环境一般很嘈杂，干扰比较大，有时很难分辨出真正的故障点放电的声音。

2. 声磁同步法

这种方法也需对故障电缆施加高压脉冲使故障点放电。当向故障电缆中施加高压脉冲信号时，在电缆的周围就会产生一个脉冲磁场信号，同时因故障点的放电又会产生一个放电的声音信号，由于脉冲磁场信号传播的速度比较快，声音信号传播的速度比较慢，它们传到地面时就会有一个时间差，用仪器的探头在地面上同时接收故障点放电产生的声音和磁场信号，测量出这个时间差，并通过在地面上移动探头的位置，找到这个时间差最小的地方，其探头所在位置的正下方就是故障点的位置。

用这种方法定点的最大优点是：在故障点放电时，仪器有一个明确直观的指示，从而易于排除环境干扰；同时这种方法定点的精度较高（<0.1m），信号易于理解、辨别。

3. 音频信号法

此方法主要是用来探测电缆的路径走向。在电缆两相间或者相和金属护层之间（在对端短路的情况下）加入一个音频电流信号，用音频信号接收器接收这个音频电流产生的音频磁场信号，就能找出电缆的敷设路径；在电缆中间有金属性短路故障时，对端就不需短路，在发生金属性短路的两者之间加入音频电流信号后，音频信号接收器在故障点正上方接收到的信号会突然增强，过了故障点后音频信号会明显减弱或者消失，用这种方法可以找到故障点。

这种方法主要用于查找金属性短路故障或距离比较近的开路故障的故障点（线路中的分布电容和故障点处电容的存在可以使这种较高频率的音频信号得到传输）。对于故障电阻大于几十欧姆以上的短路故障或距离比较远的开路故障，这种方法不再适用。

4. 跨步电压法

通过向故障相和大地之间加入一个直流高压脉冲信号，在故障点附近用电压表检测放电时两点间跨步电压突变的大小和方向，来找到故障点的方法。

这种方法的优点是可以指示故障点的方向，对测试人员的指导性较强；但此方法只能查找直埋电缆外皮破损的开放性故障，不适用于查找封闭性的故障或非直埋电缆的故障；同时，对于直埋电缆的开放性故障，如果在非故障点的地方有金属护层外的绝缘护层被破坏，使金属护层对大地之间形成多点放电通道时，用跨步电压法可能会找到很多跨步电压突变的点，这种情况在10kV及以下等级的电缆中比较常见。

四、国内外电力电缆故障测试设备简述

1. 便携式综合测试仪

目前这种设备的组成形式大概有两种：

一种是采用低压脉冲法、脉冲电流法及二次脉冲法三种方法测试故障距离，采用声磁同步法探测故障点位置的仪器。定点时显示磁场波形和声音波形，同时也有路径查找和电缆识别的功能。这种设备测试精度较高。

一种是采用低压脉冲法和脉冲电压法两种方法测试故障点的距离，采用声测法探

测故障点位置的仪器。定点时主要是通过用耳机监听故障的放电声音来判断故障点的位置，测试精度相对要差一些。

便携式综合测试仪的优点是：价格便宜，便于携带，同时测试精度也比较高。缺点是：高压发生器和电容的容量比较小，不易于击穿一些特殊的、需要长时间高电压作用的故障，同时放电声音比较小，不利于故障定点。

2. 低档的测试设备

用电桥法测距或者根本不测距，直接用声测法或跨步电压法对故障电缆进行故障定点，这种设备主要用来测试直埋电缆的开放性故障，演示的时候显得效果比较好且价格便宜，但由于该设备的故障测试技术有一定的局限性，它只能解决一部分故障测试。

3. 电缆测试车

这是一个综合性比较强的组合设备，它采用低压脉冲法、脉冲电流法及二次脉冲法或多次脉冲法等几种方法测试故障距离，采用声磁同步法和跨步电压法探测故障点的位置，并配以路径仪和电缆识别仪，另加发电机，有的还带有0.1Hz 超低频交流耐压等设备。由于车上配备的高压发生器和电容的容量比较大，更易于电缆故障点的击穿，同时放电的声音也较大，有利于故障定点；缺点是价格比较昂贵，并且测试车易受到道路环境的限制，操作较为复杂。

第二章　电力电缆故障查找的准备工作与故障性质诊断

第一节　电力电缆故障测试的准备工作

一、电缆发生故障后的前期准备工作

1）电缆发生故障后，首先要办理好工作任务单或者按电业规程办理好工作票。

2）明确所从事的工作任务、工作内容中，有关线路的名称、位置及周边线路运行状况等。

3）预测好充分的故障抢修时间，不能影响其他线路的正常运行。

4）备好有关故障线路的资料。其中包括：运行历史、时间、故障前的运行状况、电缆线路长度、截面积、规格型号、接头位置、电缆走向图等。

5）合理组织故障抢修人员，准备必需的仪器、仪表。出发前，仔细检查所使用的仪器、仪表，确保其完好无损，符合测试要求。

二、测试前的准备工作

1）进入故障电缆现场后，必须严格遵守“电业安全规程”规定的操作步骤，保证测试人员与探测设备的安全。

2）现场工作人员职责清晰，分工明确，服从统一指挥。

3）正确核对故障线路的名称，确认同工作任务所列内容相符合。

4）仔细核对工作单上的安全措施，确认跟现场实际情况相符。

5）确认测试时使用的高压设备在现场操作中，放置是否恰当，对地安全距离是否足够，是否影响操作人员的操作。

6）在电缆故障线路的另一端，同样要按以上步骤进行，同时探测故障时，要做好另一端的安全监护措施。

7）测量前要尽量将故障线路两端的电气设备同电缆隔离，以保安全。

以上步骤正确无误后，方可进一步对故障线路进行验电、放电、接地工作。

第二节　故障性质诊断与测试方法选择

测试前期的准备工作完成后，开始进行故障测试第一步：故障性质诊断，然后再根据不同的故障性质来选择不同的故障测距与定点方法。它分以下几个步骤：

一、故障绝缘情况测试

将电缆两端终端头同其他相连的设备断开，将终端头的套管等擦拭干净，排除外

界环境可能造成的影响，然后用500V兆欧表测量故障电缆各相线芯对地、对金属屏蔽层和各线芯间的绝缘电阻。如果阻值过小，兆欧表显示基本为零值时，可改用万用表进一步测量，并做好纪录。当电缆的故障线芯对地或线芯之间的绝缘电阻达到几十兆欧甚至于更高阻值时，可考虑电缆有闪络性故障存在的可能。

二、电缆线芯情况测试

在测量对端将各线芯同金属护层（钢铠）短路，用万用表的电阻挡测量线芯或金属护层（钢铠）的连续性，检查电缆是否存在中间开路现象；或直接用测距仪中的低压脉冲法测试，看是否有开路波形出现；如果有，最好用万用表再确认一下。

三、故障分类及测试方法选择

1. 故障分类

常见的电缆故障性质的分类方法有：

（1）按故障现象分类　可分为开放性故障和封闭性故障。故障定点时，开放性故障比较容易查找。

（2）按故障位置分类　可分为接头故障和电缆本体故障。受到外力破坏的电缆，发生本体故障的情况比较多，而非外力破坏的故障电缆，故障往往发生在接头处。

（3）按接地现象分类　可分为单纯的开路故障、相间故障、单相接地故障和多相接地混合性故障等。单纯的开路故障和相间故障不常见，常见的故障一般是单相接地或多相接地故障。

（4）按电缆的线芯情况和绝缘电阻大小分类　可分为开路故障、短路（低阻）故障、高阻故障和闪络性故障。

2. 故障性质诊断与测试方法的选择

对电缆的绝缘情况和线芯情况测试的过程，就是对故障性质的诊断过程。诊断后按电缆的绝缘电阻和线芯情况对故障进行分类，然后根据不同的故障性质类型选择不同的测试方法。

（1）开路故障　电缆有一芯或数芯导体开路或者金属护层（钢铠）断裂的故障。

单纯的开路故障并不常见，一般都伴有经电阻接地现象的存在，这类故障可选用低压脉冲法测距。对于经电阻接地的开路故障，也可选用脉冲电压法或脉冲电流法进行测距，接地电阻较高的还可选用二次脉冲法进行测距。

经电阻接地的开路故障的定点一般选用声测法或声磁同步法，而对于完全开路而不接地的电缆故障，定点时可以按闪络性故障对待。

（2）低阻故障或短路故障　电缆的一芯或数芯对地绝缘电阻或者线芯与线芯之间绝缘电阻低于几百欧姆的故障。高阻故障与低阻故障的区分原则是：用低压脉冲法测试时能否清楚识别出故障点的低阻反射波。一般能识别的就是低阻故障，不能识别的就是高阻故障。而这个电阻临界点一般就在几百欧姆左右。

一般常见的有单相低阻接地、二相短路并接地及三相短路并接地等。该类故障可以用低压脉冲法测距，也可以选择用脉冲电压法或脉冲电流法测试故障距离。

在向这种电阻接近为零的低电阻故障或短路故障的电缆中施加高压脉冲使之击穿放电时，故障点处的放电电弧很不容易产生，故障点的放电脉冲波形可能没有多次反射，在仪器的显示屏上只能看到高压设备的发射脉冲和故障点的放电脉冲两个波形（在低压电缆故障查找时常见）。而又由于故障点放电电离时间（放电延时）的存在，通过这两个波形得到的距离一般是大于故障距离的，所以用脉冲电压法或脉冲电流法测得的低阻故障距离的精度不如直接用低压脉冲法测得的距离精度高。

对这种故障的一般做法是：用低压脉冲法测距，必要时可再用脉冲电流法或电桥法验证一下。

考虑到这种故障加冲击高压时可能有放电声音，也可能没有放电声音，所以对这类故障定点的常用做法是：先用声测法和声磁同步法定点，当故障点确实没有放电声音时再考虑用音频信号感应法或跨步电压法定点。

（3）高阻故障 电缆的一芯或数芯对地绝缘电阻或者线芯与线芯之间绝缘电阻低于正常值但高于几百欧姆的故障。

这类故障情况的发生概率比较高，占电缆故障的80%左右。虽然这类故障的电阻不是很低，但直流电压却加不上去。对于这类故障，一般采用脉冲电流法或脉冲电压法中的冲击闪络方式测量，或者用二次脉冲法测量。有时由于故障点处受潮或进水，在绝缘电阻大于几百欧姆时，用低压脉冲方式的比较法也能测出故障距离。

对这种故障一般的做法是：先用低压脉冲方式中的比较法测量，看能不能测出可疑的故障波形，然后再用二次脉冲法、脉冲电流法或脉冲电压法测量。当低压脉冲法测得的故障距离和脉冲电流法（或脉冲电压法）测得的故障距离差不多时，按低压脉冲测得的故障距离去定点；当两个距离相差比较远时就按脉冲电流法或脉冲电压法测的故障距离去定点。如果用二次脉冲法能测出故障距离，就以二次脉冲法测得的距离为准。

向存在这类故障的电缆中施加足够高的高压脉冲时，故障点处一般都会产生比较大的放电声音，所以对这类故障定点时，一般采用声磁同步法。

（4）闪络性故障 电缆的一芯或数芯对地绝缘电阻或者线芯与线芯之间的绝缘电阻值非常高，但当对电缆进行直流耐压试验时，电压加到某一数值，突然出现绝缘击穿的现象。这类故障称之为闪络性故障。

这类故障不常见，一般在进行预防性试验中出现。该类故障用脉冲电流法或脉冲电压法中的直闪方式测距最好，但由于该类故障加直流电压放电几次后就可能会转化成高阻故障，所以这类故障在实际测试时还是采用二次脉冲法或脉冲电流法和脉冲电压法中的冲闪方式测试故障点的距离为好。

对这类故障定点方法的选用同高阻故障。但这类故障常常是封闭性的，从故障点传出的放电声音通常比较小，会给故障定点工作带来一定的困难。

（5）电缆主绝缘的特殊故障 在用脉冲法测试电缆的故障时，会遇到一种没有反射脉冲或反射脉冲波形比较乱的故障，以下几种情况容易产生这类故障。

1）大范围进水受潮的电缆。

2）故障点处的护层和铜屏蔽层因制造工艺不良或被烧焦而长距离缺失的电缆。

3）较长的、中间接头较多的低压电缆。

4）单芯无钢带且屏蔽材料是铜皮的电缆。

对这类故障施加脉冲电压使故障点放电时，故障点放电脉冲的反射信号在传播过程中，被大量衰减或被加入大量阻抗不匹配点的反射信号，使得仪器很难真正接收到故障点的反射脉冲波形或接收到的波形比较乱。这时可以选用电桥法测试这类故障的故障距离。

（6）单芯高压电缆护层故障　单芯高压电缆的护层故障是电缆的金属护层和大地之间发生绝缘不够的现象，绝缘不好的两者之间只有一个金属相（铝护套），另一相是大地，而大地的衰减系数很大，在测量故障距离时，使用脉冲法能测量的范围很小，所以脉冲法不太适合测试这类故障，同样需选用电桥法测试这类故障的故障距离。

各种类型的电缆故障所需选用的测试方法见表 2-1。

表 2-1　故障分类及测试方法选择表

<table>
<tr><th colspan="2">故障性质</th><th>发生概率</th><th>测距方法</th><th>最佳定点方法</th></tr>
<tr><td colspan="2">开路故障</td><td>几乎不发生</td><td>低压脉冲法/或按闪络性故障测试</td><td>按闪络性故障测试</td></tr>
<tr><td colspan="2">短路（低阻）故障</td><td>低压电缆发生较多</td><td>低压脉冲法/脉冲电流法</td><td>声磁同步法/金属性短路故障用音频信号感应法定位</td></tr>
<tr><td rowspan="2">高阻故障</td><td>50kΩ 以下</td><td rowspan="2">80% 以上</td><td>二次脉冲法/脉冲电流法/电桥法</td><td>声磁同步法</td></tr>
<tr><td>50kΩ 以上</td><td>二次脉冲法/脉冲电流法</td><td>声磁同步法</td></tr>
<tr><td colspan="2">闪络性故障</td><td>很少</td><td>二次脉冲法/脉冲电流法</td><td>声磁同步法</td></tr>
<tr><td colspan="2">电缆主绝缘的特殊故障和单芯高压电缆的护层故障</td><td>很少</td><td>电桥法</td><td>声磁同步法、跨步电压法</td></tr>
</table>

第三章　电力电缆故障的测距方法

诊断完故障性质并选定测试方法后，接着就要进行电缆故障查找的第二步——故障测距。

故障测距是测量从电缆的测试端到故障点的电缆线路长度。测试方法在第一章已经做了简单介绍，而在目前的实际测试中，首选的是用脉冲法测试故障距离，对于用脉冲法无测试回波的特殊的主绝缘故障和护层故障，可以考虑用电桥法进行测距。以下详细介绍几种主要的测距方法。

第一节　低压脉冲法

1. 适用范围

低压脉冲法又称雷达法，主要用于测量电缆的开路、短路和低阻故障的故障距离；同时还可用于测量电缆的长度、波速度和识别定位电缆的中间头、T 形接头与终端头等。

2. 测试原理

在测试时，从测试端向电缆中输入一个低压脉冲信号，该脉冲信号沿着电缆传播，当遇到电缆中的阻抗不匹配点时，如：开路点、短路点、低阻故障点和接头点等，会产生折反射，反射波传播回测试端，被仪器记录下来，如图 3-1 所示。

假设从仪器发射出发射脉冲到仪器接受到反射脉冲的时间差为 Δt，也就是脉冲信号从测试端到阻抗不匹配点往返一次的时间为 Δt，同时如果已知脉冲电磁波在电缆中传播的速度是 v，那么根据公式 $l = v \cdot \Delta t/2$ 即可计算出阻抗不匹配点距测量端的距离 l 的数值。

3. 对低压脉冲反射波形的理解

（1）开路故障波形

1）开路故障的反射脉冲与发射脉冲极性相同，如图 3-2 所示。

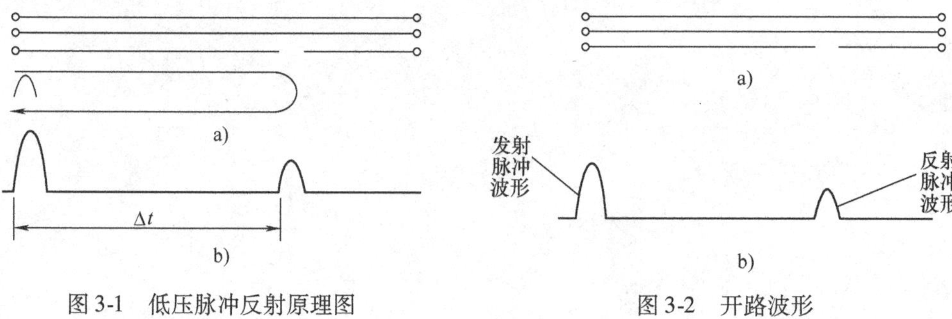

图 3-1　低压脉冲反射原理图
a）电缆　b）波形图

图 3-2　开路波形
a）电缆　b）波形

2）当电缆近距离开路或仪器选择的测量范围为几倍的开路故障距离时，仪器就会显示多次反射波形，每个反射脉冲波形的极性都和发射脉冲相同，如图 3-3 所示。

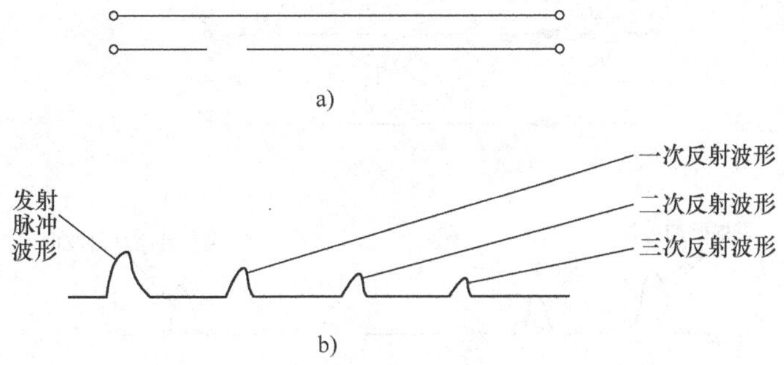

图 3-3　开路波形的多次反射

a）电缆　b）波形

（2）短路或低阻故障波形

1）短路和低阻故障的反射脉冲与发射脉冲极性相反，如图 3-4 所示。

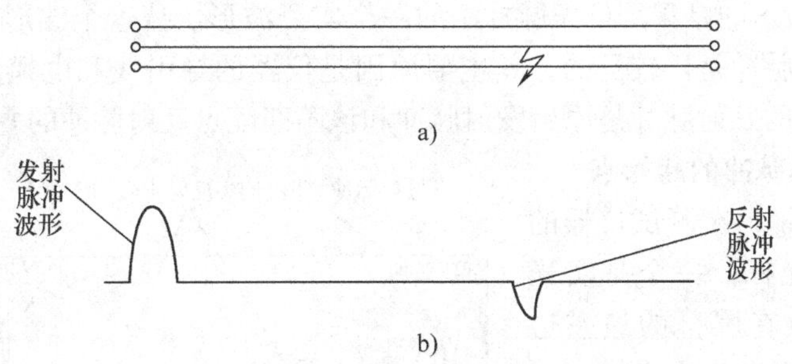

图 3-4　短路或低阻波形

a）电缆　b）波形

2）当电缆发生近距离短路或低阻故障时，或者仪器选择的测量范围为几倍的短路或低阻故障距离时，仪器就会显示多次反射波形。其中第一、三等奇数次反射脉冲的极性与发射脉冲相反，而二、四等偶数次反射脉冲的极性则与发射脉冲相同，如图 3-5 所示。

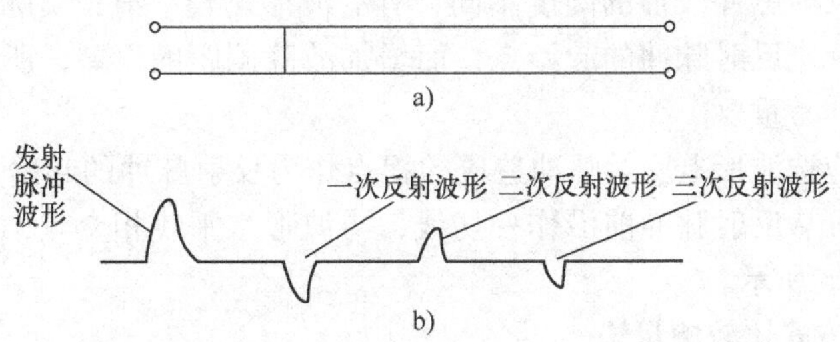

图 3-5　短路或低阻波形的多次反射

a）电缆　b）波形

（3）典型的低压脉冲反射波形

1）图 3-6 所示的是低压脉冲法测得的理论上典型的故障波形。这里需要注意的是当电缆发生低阻故障时，如果选择的范围大于全长，一般存在全长开路波形；如果电缆发生了开路故障，全长开路波形就不存在了。

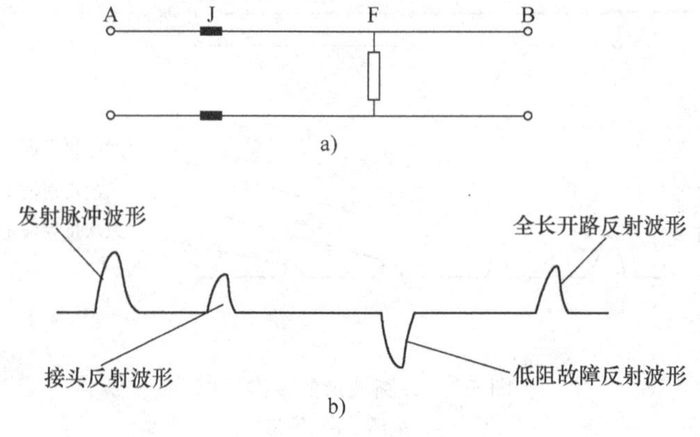

图 3-6 典型的低压脉冲反射波形

a）电缆结构 b）波形

2）图 3-7 所示的是采用低压脉冲法的一个实测波形。从这个波形上可以看到，在实际测试中发射脉冲是比较乱的，其主要原因是仪器的导引线和电缆连接处是一阻抗不匹配点，看到的发射脉冲是原始发射脉冲和该不匹配点反射脉冲的叠加。

4. 标定反射脉冲的起始点

如图 3-7 所示，在测试仪器的屏幕上有两个光标：一个是实光标，一般把它放在屏幕的最左边（测试端）——设定为零点；二是虚光标，把它放在阻抗不匹配点反射脉冲的起始点处，这样在屏幕的右上角，就会自动显示出该阻抗不匹配点离测试端的距离。

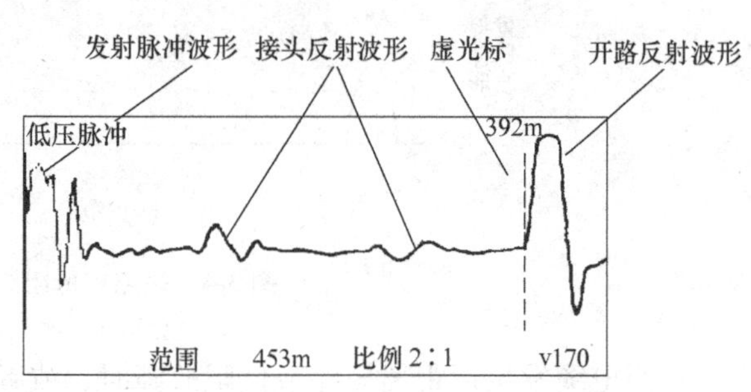

图 3-7 实测波形

一般的低压脉冲反射仪器依靠操作人员移动标尺或电子光标，来测量故障距离。由于每个故障点反射脉冲波形的陡度不同，有的波形比较平滑，实际测试时，人们往往因不能准确地标定反射脉冲的起始点，而增加故障测距的误差，所以准确地标定反射脉冲的起始点非常重要。

在测试时，应选波形上反射脉冲造成的拐点作为反射脉冲的起始点，如图 3-8a 虚线所标定处；亦可从反射脉冲前沿作一切线，与波形水平线相交点，可作为反射脉冲起始点，如图 3-8b 所示。

5. 低压脉冲方式比较测量法

在实际测量时，电缆线路结构可能比较复杂，存在着接头点、分支点或低阻故障点等，特别是低阻故障点的电阻相对较大时，反射波形相对比较平滑，

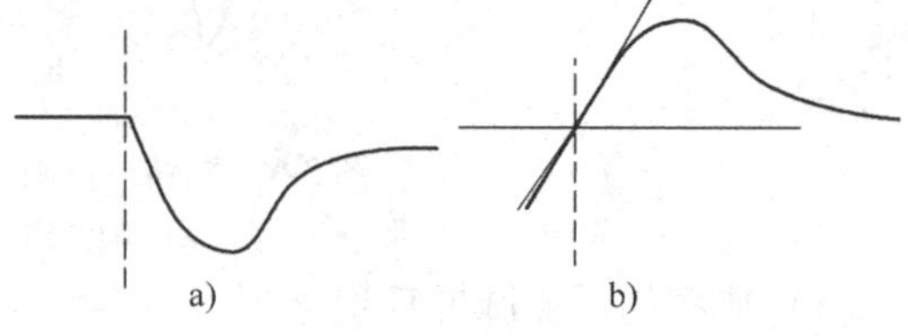

图 3-8 反射脉冲起始点的标定

其大小可能还不如接头反射，更使得脉冲反射波形不太容易理解，波形起始点不好标定，对于这种情况可以用低压脉冲比较测量法测试。

如图 3-9a 所示，这是一条带中间接头的电缆，发生了单相低阻接地故障。首先通过故障线芯对地（金属护层）测量得一低压脉冲反射波形，如图 3-9b 所示；然后在测量范围与波形增益都不变的情况下，再用良好的线芯对地测得一个低压脉冲反射波形，如图 3-9c 所示；然后，把两个波形进行比较，在比较后的波形上会出现了一个明显的差异点，这是由于故障点反射脉冲所造成的，如图 3-9d 所示，该点所代表的距离即是故障点位置。

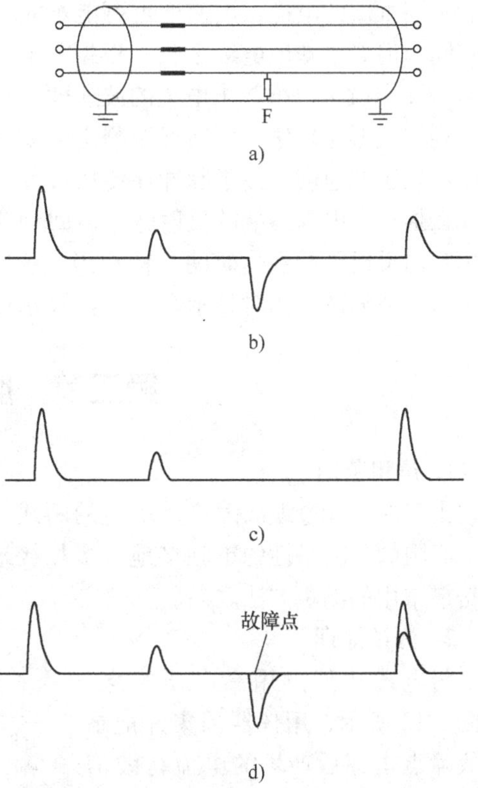

图 3-9　波形比较法测量单相对地故障
a）故障电缆　b）故障导体的测量波形　c）良好导体的测量波形　d）良好与故障导体测量波形相比较的波形

现代微机化低压脉冲反射仪具有波形记忆功能，即以数字的形式把波形保存起来，同时，可以把最新测量波形与记忆波形同时显示。利用这一特点，操作人员可以通过比较电缆良好线芯与故障线芯脉冲反射波形的差异，来寻找故障点，避免了理解复杂脉冲反射波形的困难，故障点容易识别，灵敏度高。在实际中，电力电缆三相均有故障的可能性很小，绝大部分情况下有良好的线芯存在，可方便地利用波形比较法来测量故障点的距离。

图 3-10 所示是用低压脉冲比较法实际测量的低阻故障波形，虚光标所在的两个波形分叉的位置，就是低阻故障点位置，距离为 94m。

6. 关于波速度

低压脉冲测试原理的测试公式 $l=v\Delta t/2$ 中的 v 就是电磁波在电缆中传播的速度，简称为波速度。理论分析表明波速度只与电缆的绝缘介质材质有关，而与电缆的线径、线芯材料以及绝缘厚度等都无关，也就是说不管线径是多少、线芯是铜芯的还是铝芯的，只要电缆的绝缘介质一样，波速度就一样。现在大部分电缆都是交联聚乙烯或油浸纸绝缘电缆，油浸纸绝缘电缆的波速一般为 160 m/μs，而对于交联电缆，由于交联度、所含杂质等有所差别，其波速度也不太一样，一般在 170 ~ 172m/μs 之

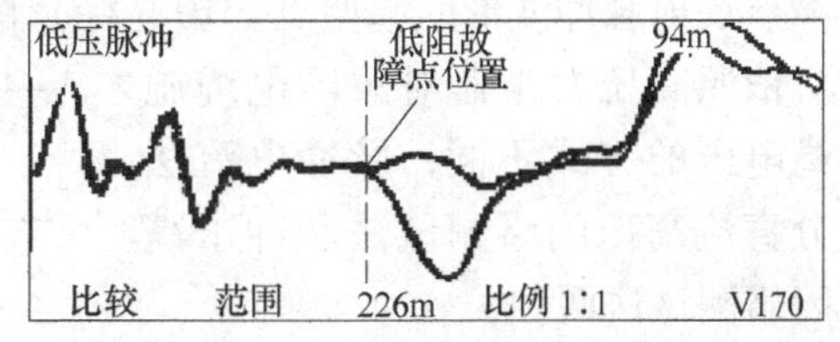

图 3-10　低压脉冲比较法实测低阻故障波形

间。

即便电缆的绝缘介质相同，但不同厂家、不同批次的电缆，波速度也可能不完全相同。但如果知道电缆全长，根据 $v = 2 \times l/\Delta t$，就可以推算出电缆的波速度。

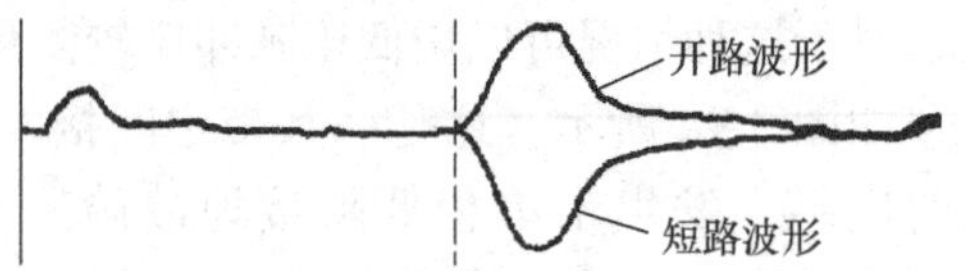

图 3-11 电缆终端开路与短路脉冲反射波形比较

利用波形比较法，可精确地测定电缆长度或校正波速度。由于脉冲在传播过程中存在损耗，电缆终端的反射脉冲传回到测量点后，波形上升沿比较圆滑，不好精确地标定出反射脉冲到达时间，特别当电缆距离较长时，这一现象更突出。而把终端头开路与短路的波形同时显示时，二者的分叉点比较明显，容易识别，如图 3-11 所示。

第二节 脉冲电流法

1. 适用范围

由于在实际电缆故障中，单纯的断线开路故障很少，绝大部分故障都是含有低阻的、高阻的或闪络性的单相接地、多相接地或相间故障，所以在实际测量中脉冲电流法是最常用的测距方法之一。

2. 测试原理

将电缆故障点用高电压击穿，如图 3-12 所示，用仪器采集并记录下故障点击穿后产生的电流行波信号，通过分析判断电流行波脉冲信号在测量端与故障点往返一次所需的时间差 Δt，如图 3-13 所示，根据公式 $l = v\Delta t/2$ 来计算出故障距离的测试方法叫脉冲电流法。脉冲电流法采用线性电流耦合器采集电缆中的电流行波信号。

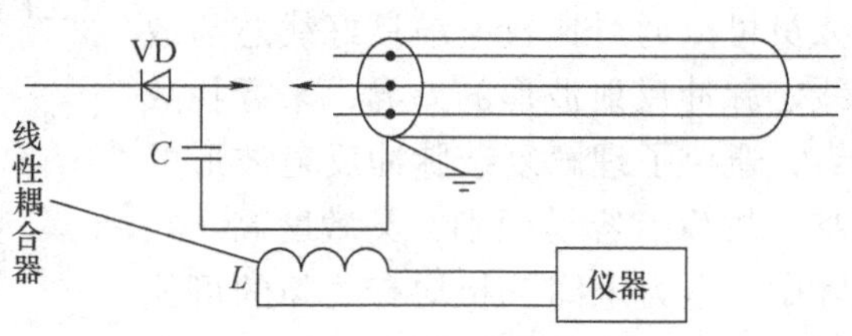

图 3-12 脉冲电流测试法接线

与低压脉冲法不同的是这里的脉冲信号是故障点放电产生的，而不是测试仪发射的。如图 3-13 所示，把故障点放电脉冲波形的起始点定为零点（实光标），那么它到故障点反射脉冲波形的起始点（虚光标）的距离就是故障距离。

依照高压发生器对故障电缆施加高电压的方式不同，脉冲电流法又分直流高压闪络测试法和冲击高压闪络测试法两种。

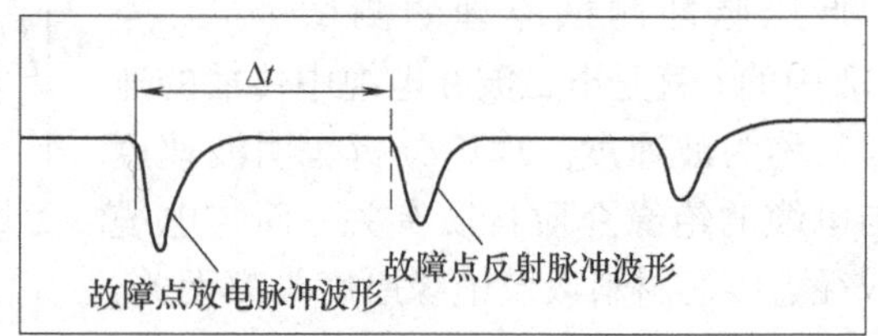

图 3-13 脉冲电流法测试波形

3. 直流高压闪络测试法

直流高压闪络测试法（简称直闪法）用于测量闪络性击穿故障，即故障点电阻极高，在用高压试验设备把电压升到一定值时就产生闪络击穿的故障。在预防性试验中发现的电缆故障多属于该类故障。

直闪法接线如图 3-14 所示，T1 为调压器、T2 为高压试验变压器，容量在 0.5 ~ 1.0kV · A 之间，输出电压在 30 ~ 60kV 之间；C 为储能电容器；L 为线性电流耦合器。线性电流耦合器 L 的输出经屏蔽电缆接测距仪器的输入端子。注意：一般线性电流耦合器 L 的正面标有放置方向，应将电流耦合器按标示的方向放置，否则，输出的波形极性会不正确。

直闪法获得的波形简单、容易理解。图 3-13 所示的波形就是直闪法放电所得的脉冲电流波形；而一些闪络性故障在几次闪络放电之后，往往造成故障点电阻下降，以致不能再用直闪法测试，在实际工作中应珍惜能够进行直闪法测试而捕捉信号的机会。如果故障点电阻下降变成高阻故障后再用直闪法测量，所加的直流高压就会大部分加到高压发生器的内阻上从而会引起高压发生器故障。为保险起见，这类故障在实际测量时一般用冲击高压闪络测试法测试。

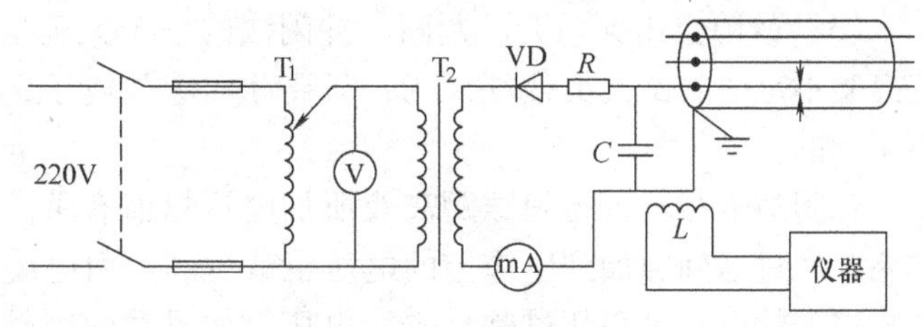

图 3-14　直闪法测试接线

4. 冲击高压闪络测试法

冲击高压闪络测试法简称冲闪法，它适用于低阻的、高阻的或闪络性的单相接地、多相接地或相间绝缘不良的故障。它可以测试现实中碰到的绝大部分故障。

冲闪法接线如图 3-15 所示，它与直闪法接线（见图 3-14）基本相同，不同的是在储能电容 C 与电缆之间串入一球形间隙 G。首先，通过调节调压升压器对电容 C 充电，当电容 C 上电压足够高时，球形间隙 G 击穿，电容 C 对电缆放电，这一过程相当于把直流电源电压突然加到电缆上去。如果电压足够高，那么故障点就会被击穿放电，其放电产生的高压脉冲电流行波信号就会在故障点和测试端往返循环传播，直到弧光熄灭或信号被衰减掉；其高压电流行波信号往返传播一次，电流耦合器就耦合一次，这样通过测量故障点放电产生的电流行波信号在测试端和故障点往返一次的时间 Δt，就能计算出故障点距离。但用冲闪法测试时需要了解和注意以下几个问题：

（1）绝缘击穿不仅与电压高低有关还和电压作用时间关系密切　在测试时，电压加到故障点处可能要持续作用一段时间后才会发生击穿，这个时间称为放电延时。受电缆上得到的冲击高压大小和故障点处电容、电感等电气参数的影响，放电延时有长有短。在用仪器测试时，可根据具体情况进行设置。

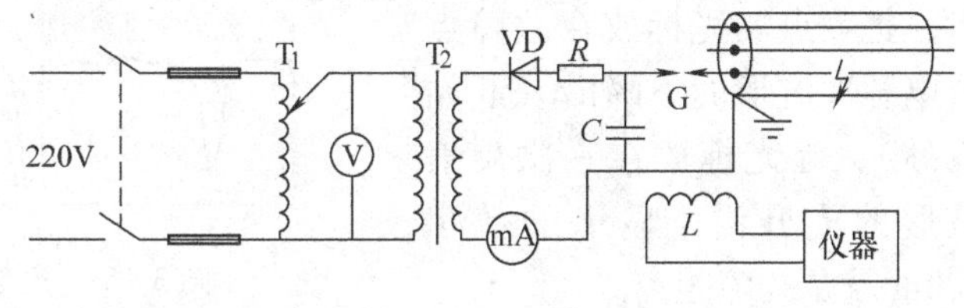

图 3-15　冲闪法测试接线

冲击高压脉冲信号越过故障点，还没到达电缆对端，故障点就击穿的称为直接击穿；从对端返回后故障点才击穿的称为远端反射电压击穿。直流电压行波在开路末端反射后，电压会加倍，有利于击穿故障点。

（2）如何使故障点充分放电　依据上面所述，使故障点充分放电的措施有两条：一是提高电压；二是通过增大电容的办法来延长电压的作用时间。

由高压设备供给电缆的能量可由下式代算：$W=CV^2/2$。即高压设备供给电缆的能量与贮能电容量 C 成正比，与所加电压的平方成正比。要想使故障点充分放电，必须有足以使故障点放电的能量。

（3）故障点击穿与否的判断　冲闪法的一个关键是判断故障点是否击穿放电。一些经验不足的测试人员往往认为，只要球间隙放电了，故障点就击穿了，这种想法是不正确的。

球间隙击穿与否与间隙距离及所加电压幅值有关。间隙距离越大，击穿所需电压越高，通过球间隙加到电缆上的电压也就越高。而电缆故障点能否击穿取决于施加到故障点上的电压是否超过临界击穿电压，如果球间隙较小，其间隙击穿电压小于故障点击穿电压，显然，故障点就不会被击穿。

可以根据仪器记录到的波形判断故障点是否击穿；除此之外，还可通过以下现象来判断故障点是否击穿。

1）电缆故障点没击穿时，一般球间隙放电声嘶哑，不清脆，甚至于有连续的放电声，而且火花较弱；而故障点击穿时，球间隙放电声清脆响亮，火花较大。

2）电缆故障点未击穿时，电流、电压表摆动较小，而故障点击穿时，电流、电压表指针摆动范围较大。

（4）典型的脉冲电流冲闪波形　在实际测试中，脉冲电流的冲闪波形是比较复杂的，不同的电缆、不同的故障，得到的冲闪波形是不同的，正确识别和分析测试所得的波形在故障测距中处于比较重要的地位。

识别和分析波形需要有一定的经验。下面给出了五个典型的脉冲电流冲闪波形，并对这五个波形进行解释和分析，帮助读者从中学会识别与分析波形。在后面的测试案例中，还有更多的波形供读者参考学习。阅读时请读者密切注意图中实光标和虚光标的位置。

如图 3-16 所示，这是一个比较常见的脉冲电流的冲闪波形，把零点实光标放在故障点放电脉冲波形的下降沿（起始点处），虚光标放在一次反射波形的上升沿，显示的数字 380m 就是故障距离。

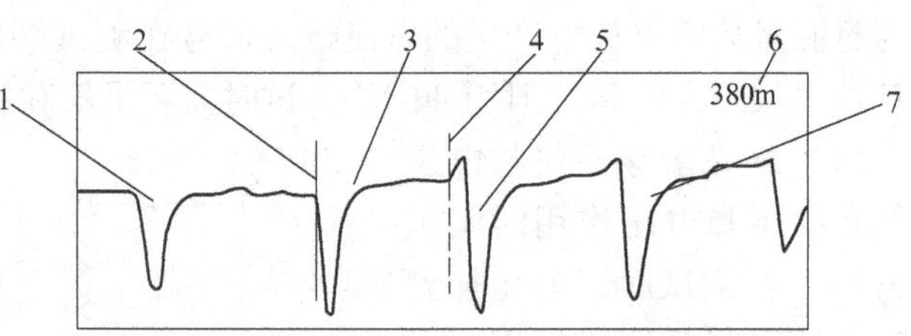

图 3-16　直接击穿的脉冲电流冲闪波形

1—高压发生器的发射脉冲波形　2—零点实光标　3—故障点的放电脉冲波形　4—虚光标　5—放电脉冲的一次反射波形　6—故障距离　7—放电脉冲的二次反射波形

如图 3-17 所示，这是一个远端反射信号使故障点放电的冲闪波形，这种情况常在故障点离对端较近、放电所需的电离时间相对较长和所加电压不足以使故障点放电时出现。

如图 3-18 所示，这是一个放电所需的电离时间更长的故障，高压脉冲信号需要几次反射后，故障点才放电，实际测试时需把测试范围调得很大或调整放电延时值才能接收到故障点的放电脉冲及其反射脉冲。

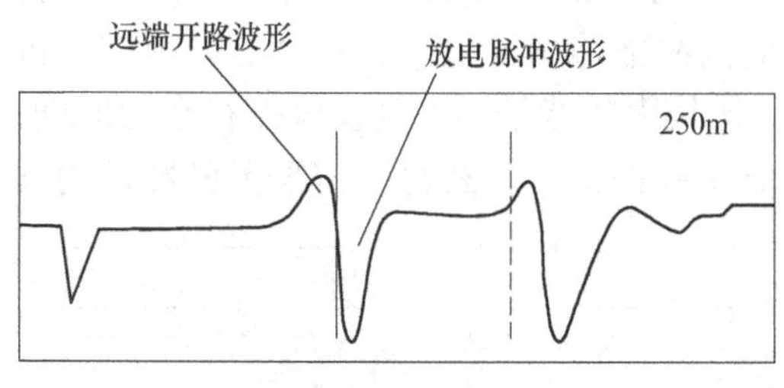

图 3-17　远端反射击穿的脉冲电流冲闪波形

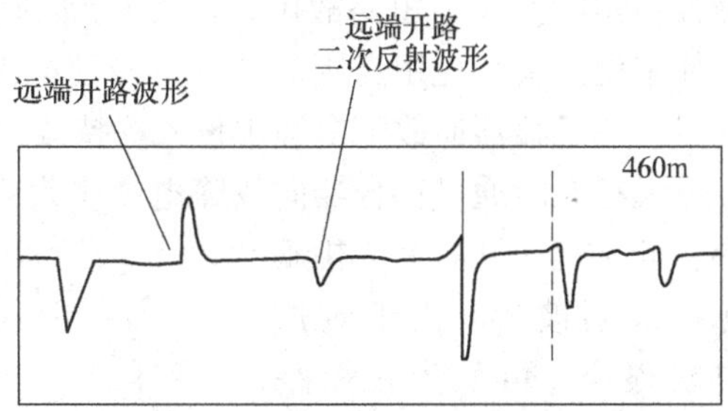

图 3-18　长放电延时的故障波形

如图 3-19 所示，这是一个低压电缆的故障，故障点的绝缘电阻可能比较低，线路对信号的损耗比较大，故障点放电脉冲的反射波形因衰减而变的比较平滑，故障测距时只能把实光标放到高压信号发生器的放电脉冲的下降沿，把虚光标放到故障点放电脉冲波形的下降沿，来测试出故障距离（注意：测得的这个距离是大于或等于故障距离的。）

如图 3-20 所示，这是一个近距离故障，测得的 20m 这个数据的相对误差较大，只能代表故障距离很近。这类近距离故障的脉冲电流波形呈锯齿形，且逐步衰减。

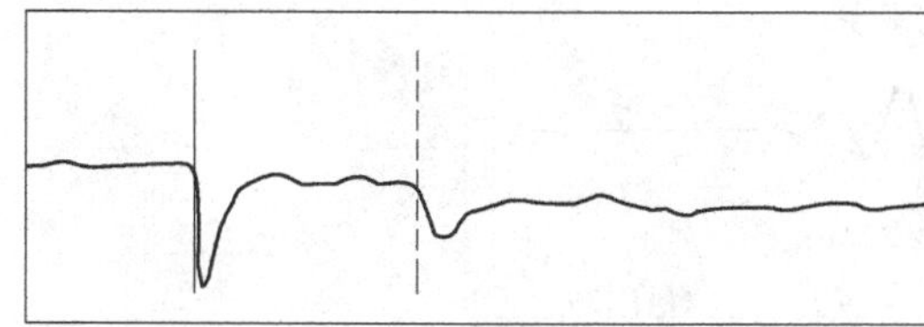

图 3-19　常见的低压电缆故障波形

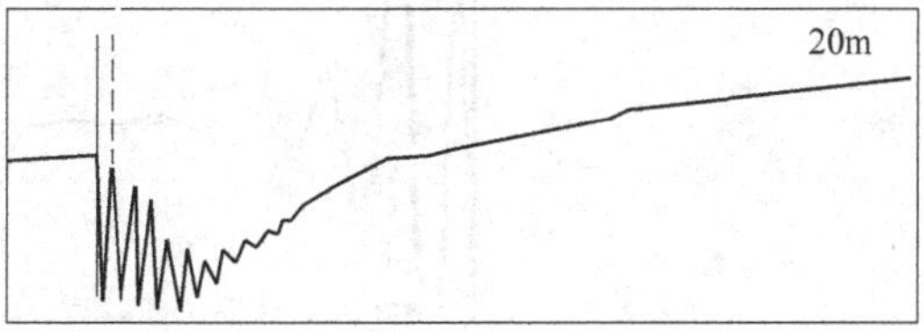

图 3-20　典型近距离故障的脉冲电流冲闪波形

第三节　二次脉冲法

1. 适用范围

二次脉冲法主要用于测试高阻故障和闪络性故障。

2. 工作原理

低压脉冲法测试低阻和短路故障的波形最容易识别和判读，但可惜的是它不能用来测试高阻和闪络性故障，原因在于它发射的低压脉冲不能击穿这类故障点。而二次脉冲法正好解决了这个问题，它可以测试高阻和闪络性故障，而且得到的是和低压脉冲法相似的波形，易于识别和判读。

在电缆故障测试中，故障点被高压信号击穿时，一般都会产生电弧。由于高压信号发生器的容量所限，这个电弧存在的时间一般都很短。由于电弧的电阻很小，因此实际上可以认为，在电弧存在期间，故障性质变成了低阻甚至短路故障。

二次脉冲法的工作原理同低压脉冲比较法。如图 3-21 所示，测试时先用高压信号发生器击穿故障点，在起电弧期间，测试仪器发射一个低压测试脉冲。由于这时的故障性质实际上成了短路故障，因此可得到同低压脉冲法测得的短路故障一样的波形。具体来说，就是先用高压信号发生器使电缆的高阻故障击穿放电，在高压电弧产生的同时，用延弧器向故障电缆中投入一持续的、比较大的能量，来延长电弧存在的时间；在电弧存在时通过耦合器向故障电缆中发射低压脉冲信号，获得并记录下脉冲反射波形，此波形可称为带电弧脉冲反射波形。由于电弧电阻很小，可认为是短路故障，获得的带电弧脉冲反射波形是和发射脉冲波形极性相反的负脉冲，波形向下，如图 3-22a 所示（这是实际测得的波形）。

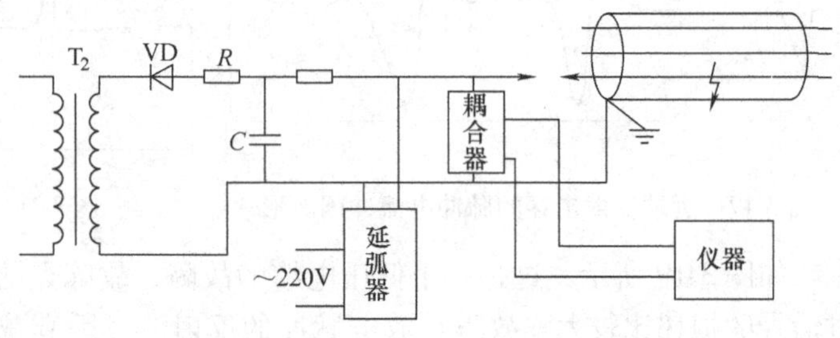

图 3-21　二次脉冲原理接线

在高压电弧熄灭后（此时电缆故障点恢复到高阻状态），再向电缆中发射一低压脉冲信号，对低压脉冲来说此时反映的是电缆无故障的波形，如图 3-22b 所示。将两波形同时显示在屏幕上，两脉冲反射波形在故障点处出现明显差异点，可很容易判断故障点位

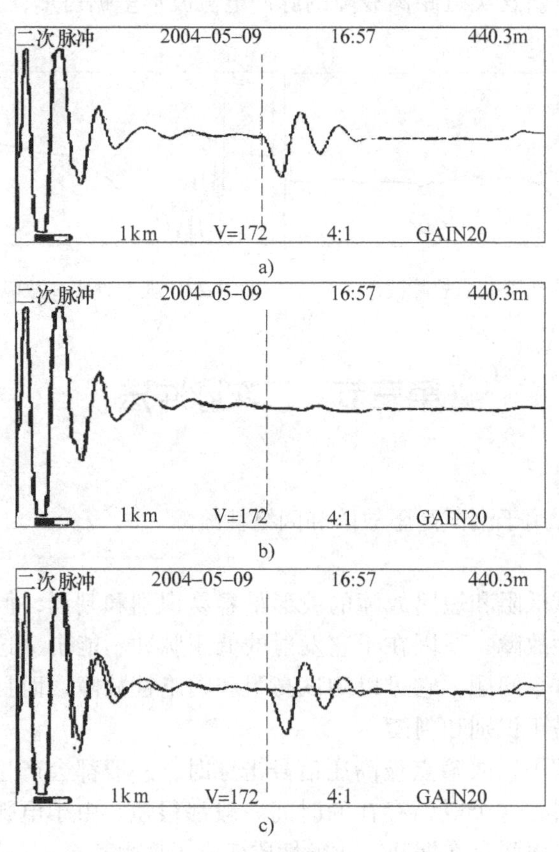

图 3-22　二次脉冲波形

置，如图 3-22c 所示，把虚光标移动到两波形的分叉点处，显示的 440.3m 就是故障距离。在实际测试时，仪器直接显示的是图 3-22c 所示的比较后波形。

第四节　电　桥　法

如图 3-23 所示，凡是通过设备测量 AF 间的电阻大小或 AF/AB 百分比或 AF 间的电容大小（F 点开路时）等来计算出故障距离的各种方法，我们都暂且称它为电桥法（广义的）。

A、B 两点代表电缆的两端，F 点为故障点，R 为绝缘电阻，线 AB 可以是线芯也可以是金属护层（测量护层故障时）。

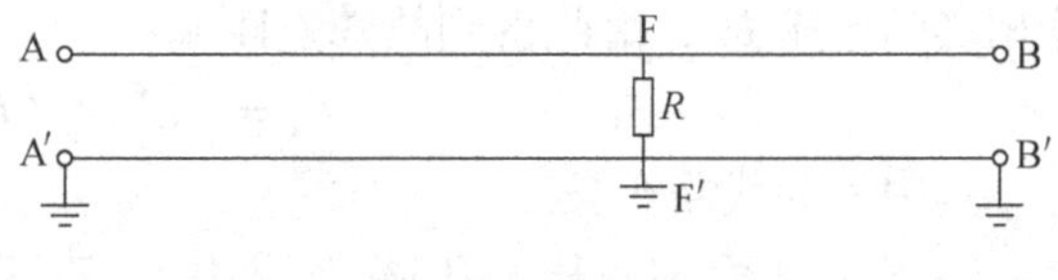

图 3-23　广义电桥

在进行故障性质诊断时，所测得的绝缘电阻在 50kΩ 以下，就可以选用上述电桥法进行故障测距；对于护层故障，如果想测试故障距离，也可通过电桥法测量。

下面介绍三种常用的电桥法原理与测试步骤。

1. 直流电桥法

直流电桥法是一种传统的电桥测试法。测试线路的连接如图 3-24 所示，将被测电缆故障相终端与另一完好相终端短接，电桥两臂分别接故障相与非故障相，其等效电路图如图 3-25 所示。

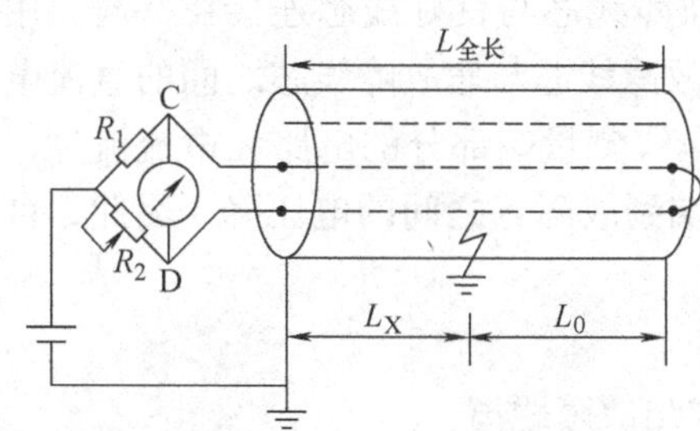

图 3-24　直流电桥接线

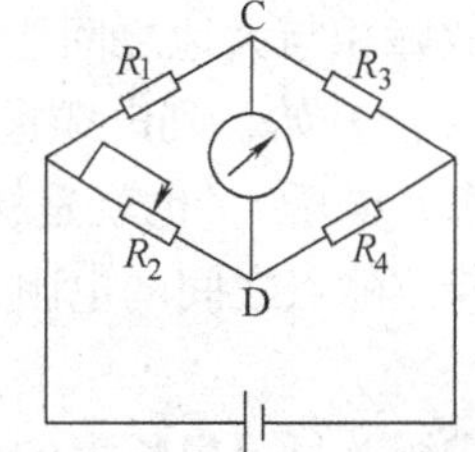

图 3-25　直流电桥等效电路

仔细调节可变电阻 R_2 数值，使电桥平衡，这时 CD 间的电位差为 0，无电流流过检流计，此时根据电桥平衡原理可得：$R_3/R_4 = R_1/R_2$。

R_1、R_2 为已知电阻，设：$R_1/R_2 = K$，则 $R_3/R_4 = K$。

由于电缆直流电阻与长度成正比，设电缆导体电阻率为 R_0，$L_{全长}$代表电缆全长，L_X、L_0分别为电缆故障点到测量端及末端的距离，则 R_3 可用（$L_{全长}+L_0$）R_0 代替，R_4 可用 L_XR_0 代替，根据公式 $R_3/R_4 = R_1/R_2$ 可推出：$L_{全长}+L_0 = KL_X$

而　$$L_0 = L_{全长} - L_X$$

所以　$$L_X = 2L_{全长}/(K+1)$$

直流电桥法应用中的一个主要问题是，测量精度受测量导引线及接触电阻影响，导引线及接触电阻一般在0.01～0.1Ω之间，而高压电缆线芯或护层电阻也基本是每公里在0.01～0.1Ω之间，因此如果没有进一步的改进方法，导引线电阻及接触电阻对测距结果会造成很大的影响。

2. 压降比较法

直流压降比较法原理接线如图3-26所示，用导线在电缆远端将电缆故障相与电缆一完好相连接在一起，将开关S打在“Ⅰ”的位置，调节直流电源E，使微安表有一定的指示值，测出电缆完好相与故障相之间电压U_1；而后再将电键开关S打在“Ⅱ”的位置，再调节直流电源E，使微安表的指示值和刚才的值相同，测得电缆完好相与故障相之间电压U_2，由此得到故障点距离：

$$L_X = 2LU_1/(U_1+U_2)$$

其中L为线路全长。

同直流电桥法一样，压降比较法的测量精度受测量导引线电阻及接触电阻影响大。

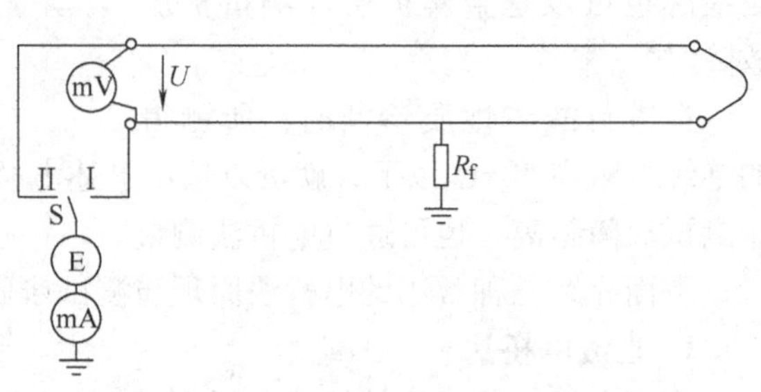

图3-26　直流压降比较法原理接线

3. 直流电阻法

直流电阻法是技术人员针对直流电桥法及压降比较法存在的问题，摸索出的一种克服导引线及接触电阻影响的方法，该方法是电缆故障精确测距的新方法。

如图3-27所示，用导线在电缆远端将电缆故障线芯与良好线芯连接在一起。用直流电源E在故障相与大地之间注入电流I，测得故障线芯与非故障线芯之间的直流电压为U_1。从故障点开始，到电缆远端，再到完好电缆测量端部分的电路无电流流过，处于等电位状态，电压U_1也就是故障线芯从电源端到故障点之间的电压降，因此，可以得到测量点与故障点之间的电阻：

$$R_1 = U_1/I$$

假定电缆线芯每公里长度的电阻值为R_0，求出故障距离：

$$L_X = R_1/R_0$$

该方法实质上是借助非故障线芯来测量电缆端头到故障点的电阻，主要优点是不受对端短接导引线及其接触电阻的影响。

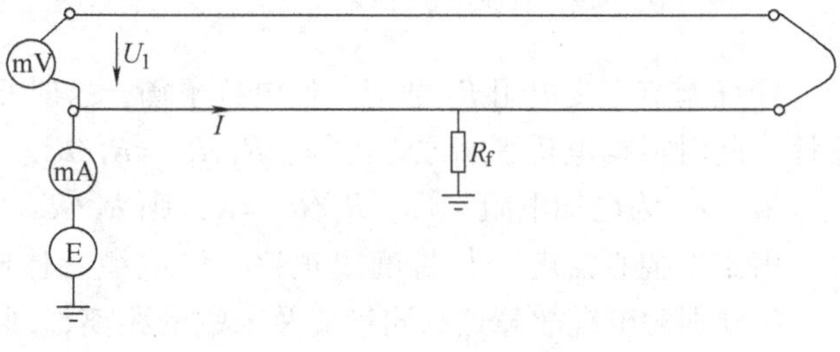

图3-27　直流电阻法原理接线

直流电阻法在应用中要注意以下问题：

（1）注入电流大小的选择

从提高测量灵敏度，克服干扰电压影响的角度出发，直流电源所提供的电流应该尽可能大一些，由于直流电源提供的电流又受到电源元器件功率、体积、造价等因素的

限制，因而考虑到直流电压表的测量分辨率在 1/10mV 以上，为达到 10m 的测距分辨率，注入电流一般应在 20mA 以上，电缆线芯的直径越大，注入的电流就应越大。实际应用中，建议使用电压 5000V、额定电流 100mA 的直流电源。

（2）避免测量端导引线接触电阻影响　直流电阻法的关键是要准确测量出电缆故障线芯端头到故障点之间的电压，为了保证测量准确，毫伏表的测试导引线一定要避开直流电源接线点，直接接在故障线芯上。图 3-28 给出了测量端等效接线图，如果将电压表接在直流电源导引线与故障线芯接触点前，测量到的电压将包括接触电阻上的电压降，其结果就不准确了。

（3）多点接地　如果故障电缆有多个接地点，以上介绍的测量原理将不再适用；并且如果有地电位的存在，电路中会引入地电位差的影响，测量结果将不再准确。不过如果出现多点接地，而其中一点的接地电阻明显小于其他点时，可以忽略其他点接地电阻及地电位差干扰的影响，测量结果近似为接地电阻最小的故障点位置。在测试时应逐渐增加电压，以减少高电阻故障点的击穿机会。

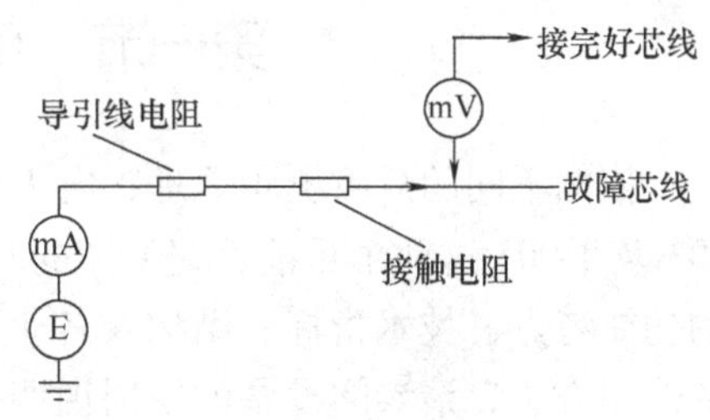

图 3-28　测量端等效接线

（4）测量单位长度电阻　如果不知道确切的电缆单位长度的电阻，可以通过现场测量的方法获得。具体做法与前面测量故障点距离的直流电阻法类似，不过要选另一个完好的电缆线芯代替故障电缆线芯，将被测电缆的远端直接接地（避开远端短接线接线点），如图 3-29 所示，这时测量到的电阻是电缆线芯全长电阻，除以电缆全长即可得到电缆线芯单位长度的电阻值。

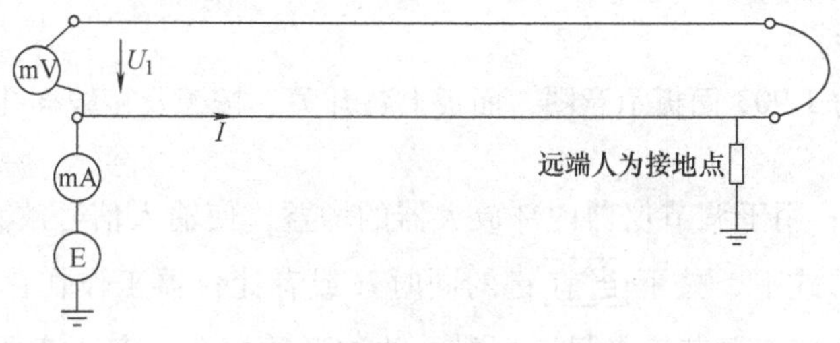

图 3-29　测量全长电阻线路

注：如果把电桥法中的故障线芯改成单芯高压电缆的故障金属护层，测试联络线可以是良好护层也可以是良好线芯，那么该方法就可以测试单芯高压电缆的护层故障的距离。

第四章　电力电缆故障测距设备

电力电缆故障的测距设备一般由故障测距仪和对电缆施加高电压的高压信号发生器组成。

第一节　电力电缆故障测距仪

依据不同的故障测距原理，电力电缆故障测距仪器种类很多，这里仅简单介绍 T-903 及 T-905 这两个目前普遍使用的测距设备。在介绍这两个型号的仪器时，仅对它们的功能特点、技术指标、结构及各个功能键做一定的说明，要想详细了解这两个设备的使用方法，请参阅设备的使用说明书。同时，在第三节中将以实例的形式，详细的说明这两个测距设备所具有的各种测距方法的操作步骤。

一、T-903 电力电缆故障测距仪

1. 概述

T-903 电力电缆故障测距仪（以下简称 T-903）是采用现代微电子技术研制成功的智能化电力电缆故障测距仪器。该仪器具有低压脉冲反射和脉冲电流两种工作方式；最大测量范围为 10km；测量精度为：测量范围小于 1000m 时，测量精度为 1m，测量范围大于 1000m 时，测量精度小于 0.5%。

2. 仪器的结构

图 4-1 所示为 T-903 面板示意图，面板上各开关、按键及接线插孔功能如下：

（1）旋钮

1）增益旋钮：用于调节仪器内部放大器的增益，使输入信号放大至合适的幅值。在低压脉冲工作方式下，按下[当前]键的同时（或者让仪器工作在自动脉冲方式下），可通过调节增益旋钮来调节液晶显示器显示的波形的幅值，直到液晶显示器显示出的波形有一定的幅值，且不超出液晶显示器的上下显示极限为止。在脉冲电流工作方式下，如果仪器所记录的当前波形幅值过小或过大（超过液晶显示器的上下显示极限），应适当调节增益旋钮，增大或减小增益后再记录新的波形。

2）对比度旋钮：用于调节液晶显示器的显示对比度，通过调节该旋钮，可以在不同的光照条件下获得最佳的显示效果。

（2）按键

1）[开/关]键：仪器的电源开关。按动该键，内部电源接通，液晶显示器上显示“欢迎您使用...”，稍等片刻，仪器便进入正常工作状态。当仪器处于工作状态时，按动该键，仪器关机。

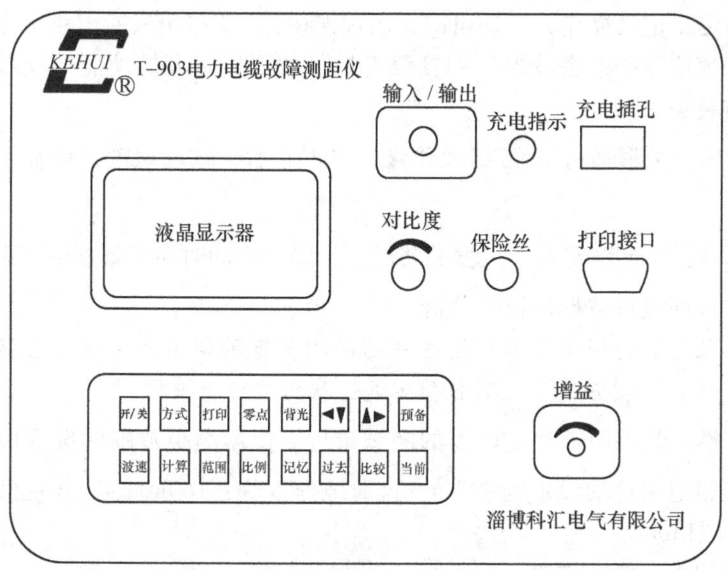

图 4-1　T-903 面板

2）方式键：T-903 提供了低压脉冲和脉冲电流两种工作方式，以适应不同性质的故障点测量。该键可用于选择低压脉冲或脉冲电流两种工作方式。开机后，仪器进入低压脉冲工作方式。在仪器工作过程中，按动方式键，仪器改变工作方式，并显示出当前工作方式，反复按动该键，仪器将依次循环进入“脉冲电流方式”、“低压脉冲方式”两种工作方式中的一种，并在液晶显示器的左上角显示对应的“脉冲电流”、或“低压脉冲”提示符。

3）当前键：该键用于低压脉冲工作方式。在此方式下，按下该键，仪器将向被测试的电缆中发射一个脉冲，记录并显示出整个测量范围内的脉冲反射波形。当按住该键达 3 秒钟后，仪器将自动地连续发射脉冲（即自动脉冲方式），再按下任意一键可终止自动脉冲的发射。自动发射脉冲测试方式在调整增益时特别有用。

在脉冲电流工作方式下，按下当前键显示出最新记录下的波形。

4）预备键：该键用于脉冲电流工作方式。在此方式下，按动该键，仪器处于等待触发状态，并显示“等待”提示符。在输入信号出现时，仪器被触发，记录下新的脉冲电流波形，并在液晶显示器上显示出来。

5）计算键：此键用于脉冲电流方式下自动计算故障距离。在脉冲电流工作方式下，仪器被触发记录脉冲电流波形后，按下该键，仪器显示“计算?”提示符，再次按动该键，仪器自动分析所记录的脉冲电流信号波形并进行故障定位与距离计算，计算结束后仪器给出计算结果，并自动设定零点与虚线光标的位置。

6）记忆键：用该键可以把最新的当前波形记忆下来，作为过去波形保存起来。按下该键后，仪器并不立即把当前波形记忆下来，而是在屏幕上显示“记忆?”提示符，再按一下该键，才执行记忆操作，并显示提示符“过去”于显示器左下角。否则，按其他任意键将退出记忆操作，这样可防止出现误记忆。T-903只能记录一个波形，新记录的波形将冲掉原有的过去波形，并且没有提供波形掉电存储功能，仪器关机后所记录波形信息将丢失。

7）过去键：波形通过记忆键操作被记忆下来后，按动该键，可显示出过去记忆的波形。

8）比较键：按下该键后，仪器的液晶显示器上将同时显示最新的当前波形与记忆的过去波形，以便进行波形比较与分析。

注意：如果当前的测量范围与过去波形的测量范围值不同，仪器在显示器的左下角会显示出“错误”提示符，此时仪器不能进行比较功能操作。

9）范围键：此键用于改变仪器的测试量程。仪器测距范围的选择应适合电缆长度。开机时测距范围自动设定为213m，这时波速度为：160m/μs，并在液晶显示器下面显示“范围213m”。

在工作过程中，按动该键，仪器显示当前范围值，此后，每按一次键，测量范围逐渐增大，依次为213m、426m、853m、2560m、5120m、10240m。到达最大值后，继续按动该键，测距范围又回到最小，即开机时的范围值（213m）。

在低压脉冲方式下，改变范围值时，仪器向被测电缆发射一个宽度相应变化的脉冲，并显示出整个范围内的波形。

10）◀▼与▲▶键：这两个键有两个作用，分别用来移动光标和调整波速度。

仪器开机进入低压脉冲工作方式后，一条垂直的实线光标出现在液晶显示器的最左边，这是所有测量的起点（即零点），一条垂直的虚线光标出现在液晶显示器的中间位置，该光标为可移动光标，用来标定故障位置。这两个键可用来向左右移动虚线光标定故障位置，（即◀与▶符号），按动一下，虚线光标移动一格，如果按下该键后手不离开，虚线光标将快速连续移动，直至抬起手来，虚光标停止移动。

这两个键的另一个作用是配合波速键使用，当按下波速键后，仪器显示器的右下角显示出“V＊＊＊”，分别按动这两个键，波速度的数值就会发生变化（即▼与▲符号），如从160m/μs，按动▼键，波速将减至159、158、157，……。同样，按一下减少一次，连续按键将快速改变，波速的改变情况，在屏幕上予以显示。

11）波速键：此键用来（与光标键配合）调整仪器测试电缆时的波速度。如果已知电缆介质的波速度v，可用上面光标键介绍的方法进行波速整定。

如果v值未知，可把T-903接到电缆的完好线芯上去，在低压脉冲方式下测量开路（或短路）波形，移动光标到电缆的终端反射波处，然后按下波速键，用▼或▲键调整v，直至显示的距离是已知电缆的长度，这时仪器的波速度值即是被测电缆的波速度值。仪器将保留v值，直到再次改变v值或关机。

开机时，仪器自动设定波速度值为160m/μs，对应于电磁波在油浸纸绝缘电缆中的传播速度。

12）比例键：此键作用类似普通示波器里的波形扩展旋钮，用于放大或缩小显示波形。

比例指的是显示比例，是仪器显示波形时从采样数据里取点的间隔点数。例如，当显示比例为4∶1时，仪器是每间隔三个采样点取一个点来显示波形。仪器的最小显示比例是1∶1，这时显示波形的分辨率最高，屏幕上两点之间代表的电缆距离最小；最大的显示比例为8∶1，这时显示波形的分辨率最低，相应的屏幕上两点之间代表的距离最大。

开机时，仪器设定比例为1∶1。在工作过程中，按动比例键，仪器显示当前比例；再按动该键，仪器将依次按2∶1、4∶1、8∶1的顺序增加显示比例；当比例达到最大值后，再按动该键，仪器将恢复1∶1的比例。因受显示器宽度限制，在测量范围较大时，可通过改变比例来显示尽可能多的波形，以利于观察分析。

13）零点键：零点为仪器测量的起点，开机时仪器把零点自动固定到波形的最左边，即测量端。通过移动虚线光标，可以测量虚线光标所在点到零点的距离，按下零点键，则可把零点设置到虚线光标所在的位置上。这样，可以从任意已知的标志点起测量故障距离。

14）打印键：按下该键，可把液晶显示器上显示的内容通过与仪器面板打印接口相连接的微型打印机上打印出来。如果没有微型打印机与仪器相连接，按动该键，会造成持续等待状态，应按动其他任意键退出。不打印时建议不要把打印机接上去，这既减少耗电，又避免了在故障点放电时打印机连接线引入干扰影响仪器的正常工作。

15）背光键：该键用于点亮液晶的背光。当周围环境较暗，液晶显示的图形、数字不清晰时，按动该键，液晶的背光点亮，以获得清晰的图像。再次按动该键，背光消失。若点亮背光后2min内无任何按键操作，则背光自动关闭，需再次点亮背光时，再按一次即可。

（3）接线端子、插孔

1）输入/输出插孔：该插孔在低压脉冲工作方式时，作为低压脉冲信号的输出与输入端接口，随机提供的同轴测试导引线的另一端带有两个鳄鱼夹，以便与被测电缆导体相接。

在脉冲电流工作方式下，线性电流耦合器输出的脉冲电流信号从该插孔输入。该插孔经同轴导引线与线性电流耦合器（以下简称电流耦合器）的输出相接。

2）打印接口：屏幕上显示的内容可以用随机提供的微型打印机复制。通过该接口，将随机提供的微型打印机与仪器相连。

3）充电插孔：T-903可由外部220V交流电源供电，亦可由内部可充电镉镍电池供电，该插孔为220V交流输入插孔。由220V交流电源供电时，内部可充电电池处于浮充状态。关掉仪器，插入220V交流电源时，可对仪器高效率充电。

4）充电指示：当插入电源插头对仪器充电时，该指示灯发亮，指示仪器处于充电状态。

（4）液晶显示器　仪器的测量波形、工作状态、操作提示等信息都在该屏幕上显示。

二、T-905 电力电缆故障测距仪

1. 概述

T-905 电力电缆故障测距仪（以下简称 T-905）是继 T-903 后的又一新产品。它具有低压脉冲、脉冲电流和二次脉冲三种电力电缆故障测距方法，可测所有类型的电力电缆故障。其中低压脉冲测距方法可以实现自动测试；新增加的二次脉冲测距方法在高压信号发生器和二次脉冲信号耦合器的配合下，可用来测量电力电缆的高阻和闪络性故障的距离，波形更简单，更易识别。同时 T-905 增加了波形存储和联机打印功能，更加方便了测试资料的管理。

2. 仪器的结构

如图 4-2 所示为 T-905 的面板示意图，面板上的各个按键、开关、旋钮及插孔功能如下。

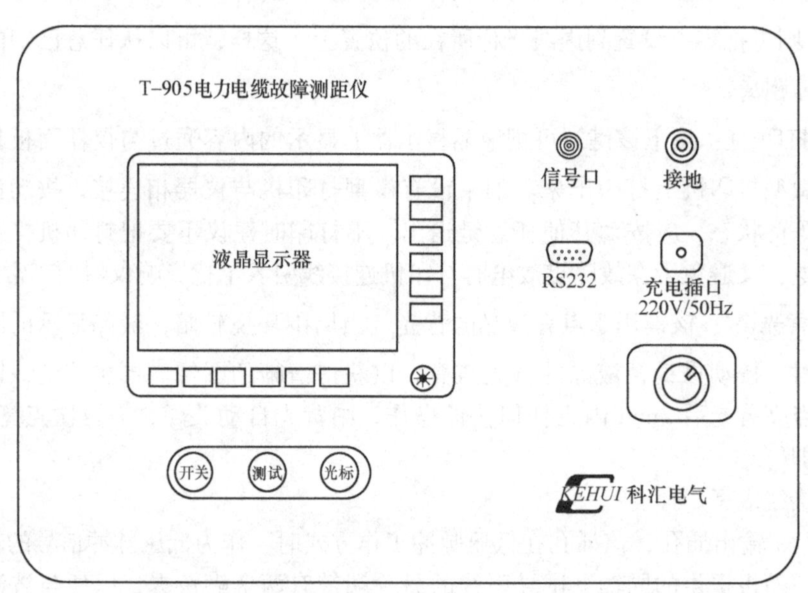

图 4-2　T-905 面板

功能键区　配合液晶上显示的功能键名，对仪器进行各种控制。

1）☆键：用来开关液晶背光。

2）开关键：用来开关仪器电源。

3）测试键：按一下单次测试，连续按 1s 以上自动测试。

4）光标键：重新标定测距的起始点，即设定零点实光标。

5）光标旋钮：用来左右移动光标，确定故障距离。

6）信号口：用来接测试导引线。不同的测试方法需要接不同的导引线。

7）接地：用来连接保护接地线。

8）RS232：RS232 标准串行口，可以接打印机打印，也可以接计算机进行联机通信，读取存储波形。

9）充电插口：用来接充电器，可对仪器内的电池充电。

10）充电指示：用来指示充电状态。持续点亮表示正在快速充电，快速闪烁表示充电完成，慢速闪烁表示涓流充电。

11）液晶显示器：用来显示波形和各种信息。

第二节 电缆测试高压信号发生器

一、概述

目前我国在现场上使用的电缆故障测试高压设备多数是分散组合式的，由自耦调压器、升压变压器、硅堆、电容、球间隙以及监视仪表等组成，这种分散组合存在以下问题：

1）每次使用时人工接线、查线，费时且十分不方便。

2）通过改变球间隙大小来改变施加到电缆上去的冲击高压，只能大体估计而不能准确控制冲击高压的幅值，而且放电时间间隔亦不可调。

3）改变接线或人工调节球间隙时，每次均需人工放电，费时间，且不安全。

4）无隔音措施，球间隙放电噪声大，影响近距离故障定点。

专门设计的一体化的 T-30X 系列电缆测试高压信号发生器解决了上述问题。该设备采用了特殊结构和工艺，将升压、整流和放电控制融为一体，拥有直流高压、单次放电和周期放电三种工作方式，具有接线简单、操作安全方便、体积小、重量轻等特点。

下面以 T-302 电缆测试高压信号发生器为例，做详细的介绍。而新增的具有二次脉冲测试和放电周期连续可调功能的 T-303，与 T-302 差别不大，使用时只需详细地阅读使用说明书即可。

二、T-302 电缆测试高压信号发生器

1. 技术参数

输出直流电压：0～30kV 连续可调。

外接电容：2μF 脉冲电容器。

最大单次放电能量：900J。

放电周期：7s。

输出电压极性：负极性。

供电电源：电压 220V（1±10%），频率 50Hz±1Hz，容量 1kV·A。

2. 装置结构

（1）面板　所有的控制、操作和显示器件均设置于面板，如图 4-3 所示。

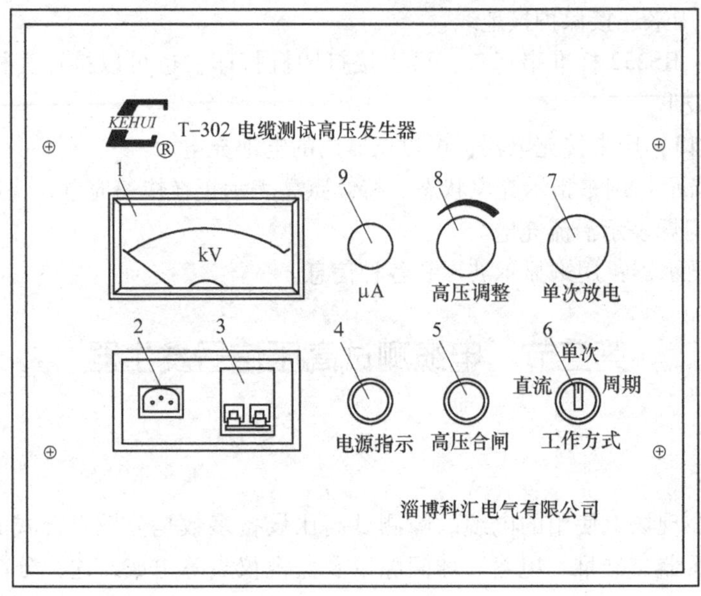

图 4-3 T-302 面板

1）高压表：显示输出高电压数值。指针式表头可以更直观地显示放电时电压变化情况。

2）电源插孔。

3）电源开关。

4）“电源指示”灯。

5）“高压合闸”带灯按钮：按下该按钮，高压合闸且高压指示灯亮。

6）“工作方式”转换开关：选择“直流”、“单次”或“周期”三种工作方式之一。

7）“单次放电”按钮：在“单次”或“周期”工作方式下按下该按钮，放电装置动作，对试品进行放电。

8）“高压调整”旋钮：该旋钮带高压零位起动装置。开机时必须将本旋钮旋转回归到电压零位数值，否则高压合闸按钮无法起动。

9）“μA”毫安表插孔：在进行电缆耐压试验时，插上毫安表插头，可以监视泄漏电流值。

注意：在对故障点放电的过程中，严禁接入毫安表。

（2）插座板 插座板在仪器后面，也称为后面板，布置有高压接线插座和保护接地接线柱等，如图 4-4 所示。

1）电缆插座：通过高压插头连到故障电缆线芯。

2）电容插座：通过高压插头连到高压脉冲电容器的一端（即高压端）。在耐压试验和泄漏电流试验时该插座不用接线。

3）接地插座：通过电缆插头连到高压脉冲电容器的另一端。在耐压试验和泄漏电流试验时可以直接连到待试验电缆金属护层上。

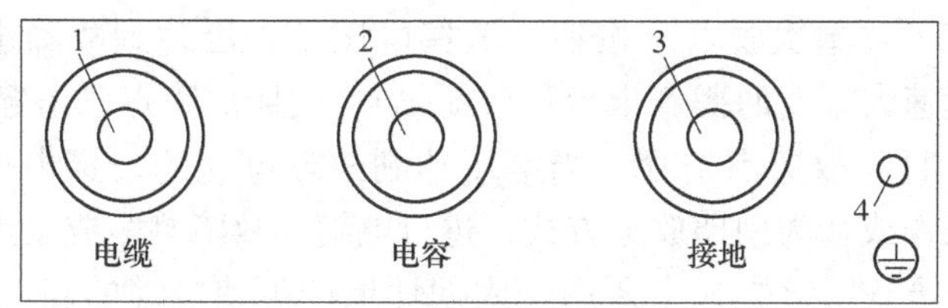

图 4-4　T-302 后面板

4）保护接地接线柱：连到保护接地点，保证安全。

注意：保护接地应和工作接地分开。

3. 使用方法

（1）接线　装置的接线如图 4-5 所示（以测试单相接地故障为例），电缆端子接被测试电缆导体，电容及接地端子接电容的高压和低压侧接线端子，电容的低压端子再接电缆的金属护层或接地线。装置保护接地避开电缆接地线而接入接地网。接线检查无误后，将“高压调整”旋钮旋至零位（接通零位起动保护开关），可以准备开机。

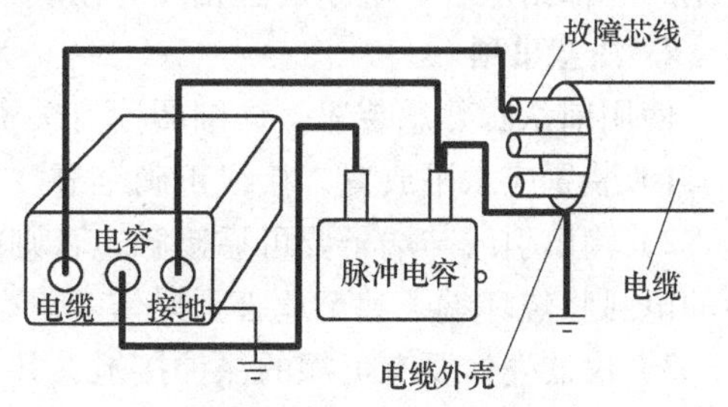

图 4-5　T-302 工作接线

（2）“直流”高压输出方式　该方式产生使电缆闪络性故障击穿放电的直流高压，它主要用于故障测距。

将“工作方式”开关旋至“直流高压”挡，合上“电源开关”，此时“电源指示”信号灯亮；将“高压调整”旋钮旋至零位，按下“高压合闸”按钮，其信号灯亮，同时“电源指示”信号灯熄灭。然后缓慢调整“高压调整”旋钮升高输出电压，观察电压表显示的电压数值，直至电压值达到故障点击穿电压，故障点击穿放电，电容能量充分释放，电压表指针回摆，这时应立即将“高压调整”旋钮调回零位，准备第二次升压操作；如在电缆故障点击穿放电后保持“高压调整”旋钮当前的位置，装置将继续给电缆充电直至电缆故障点又一次击穿放电……，这一过程将不断重复，使电缆故障点出现周期性的放电现象，放电周期取决于故障点击穿电压、装置的容量、外接电容的大小等因素。

实际应用中很少使用直闪法使电缆故障点周期性放电，其原因一方面是故障点放电的时间很难掌握，不利于调整操作测距及定点仪器，更重要的是在高压信号的冲击下电缆的故障点电阻可能会明显地下降，电缆直流泄漏增大，直流高压升不上去，以至于不能使故障点击穿放电。高压设备长期向电缆提供直流电流，还会发热，影响设备的使用寿命。

（3）“单次”放电输出方式　该方式产生使电缆的高电阻故障击穿放电的冲击直流高压。

将“工作方式”开关旋至“单次”放电挡，合上“电源开关”，“电源指示”信号灯亮，调整“高压调整”旋钮至零位，按下“高压合闸”按钮，其信号灯亮。然后缓慢调整“高压调整”旋钮升高输出电压，电压表显示电压数值，当升至合适的电压值后，停止升压，按下“单次放电”按钮，试探电压是否已达到故障电缆的击穿电压。如果此时电压表迅速大幅度回摆（电容释放能量），说明故障点已击穿，否则需继续升压后再进行试验，直至故障点击穿。当电压达到故障电缆的击穿电压时，停止升压，可使用单次放电操作或转为周期放电方式，进行电缆的故障测距或定点工作。

（4）周期放电方式　该方式主要用于周期性地产生使电缆的高电阻故障击穿放电的冲击直流高压。

按照“单次放电方式”完全相同的操作方法，将电压升到可以击穿故障的电压值，然后将“工作方式”旋至“周期”挡即可。随着放电电动触头的周期性动作，电缆故障点不断地被击穿放电，可进行电缆故障定点或测距。

（5）操作结束　装置使用完毕后，首先将“高压调整”旋钮旋至零位，多次按动“单次放电”按钮使电压下降到5kV以下后，断开“电源开关”，这时装置将发生器高压输出端经一放电电阻接地，给外接电容器放电。然后操作人员必须按操作规程，再使用放电棒给电容、电缆的各相线芯彻底放电，以保证安全。

4. 注意事项

使用前认真熟悉装置，详细阅读有关资料。

1）装置应水平放置，接线正确牢靠。

2）输出引线与端子要可靠接触，否则端子触点与引线触点间会有间隙，放电时产生的电弧将烧坏端子甚至危害到操作者。

3）仪器壳体要有可靠的保护接地，并应与电缆接地分开，操作时尽量不要接触装置的金属部分，以防壳体上感应的电压对人体产生伤害。

4）尽管装置在断电后有自动放电功能，装置使用完毕拆线前一定要用放电棒再次进行放电，确认线路无电后才能动手拆除接线。

第三节　电力电缆故障测距的操作步骤

在本章内将以实际故障测距案例来详细地说明低压脉冲法、脉冲电流法和二次脉冲法三种故障测距方法的测试过程。其中，低压脉冲法和脉冲电流法两种测距方法测试故障距离的操作过程，将以T-903为例来详细的描述（这两种测试方法的操作过程，T-905和T-903类似）；而二次脉冲法测试故障距离的操作过程，将以T-905为例来描述。

1. 低压脉冲方式测试故障距离

（1）电缆故障性质诊断　如图4-6所示，这是一个故障电缆，资料显示此电缆为10kV交联聚乙烯电缆，全长600多米。

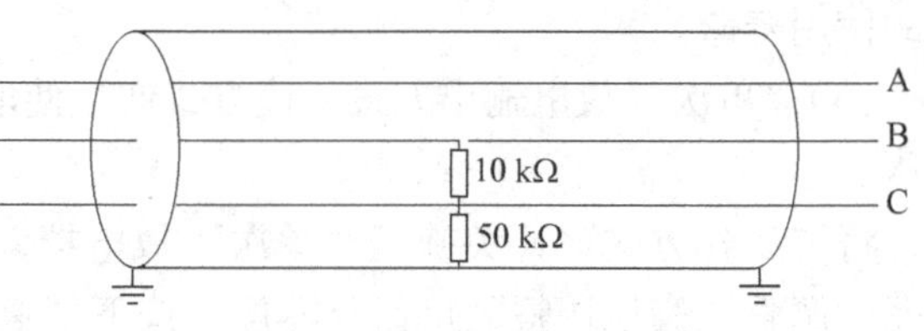

图4-6　故障电缆示意图

到现场拆下电缆同两端其他设备的连接后，先用500V兆欧表测试绝缘电阻，发现A相对地∞，B、C两相对地为0；然后用万用表测试

得到 B 相对地 10kΩ、C 相对地 50Ω；又用万用表对 A、B、C 三相的连续性进行测试，得到 B 相不连续，中间有开路的地方。于是对这条电缆诊断为：A 相为好相、B 相开路并高阻接地、C 相低阻接地，可以选用低压脉冲法测试故障距离。

（2）方法一——直接测试法

1）测量电缆全长：首先用低压脉冲法中的直接测试方式通过 A 相测量电缆的全长。打开 T-903，连接上低压脉冲导引线，开机。T-903 的开机初始状态是：低压脉冲工作方式、160m/μs 的波速度、213m 的范围、虚光标在 106m 处。

如图 4-7 所示，把低压脉冲导引线上的两个夹子连接到 A 相和金属护层的接地线上（红黑夹子不分）；按一下**波速**键，屏幕上出现 V160，然后按**▲▶**键调整波速至 V170，再按一下**波速**键，使 V170 消失，这样就把 170 m/μs 的波速度存入了设备中；不停的按**测试**键同时轻轻调整**增益旋钮**，查看液晶显示器，有没有明显的突变波形出现，如果没有，就按**范围**键，增大一倍范围再重复上面的操作，这样增大到 904m 的范围时就会看到图 4-8 所示的波形。

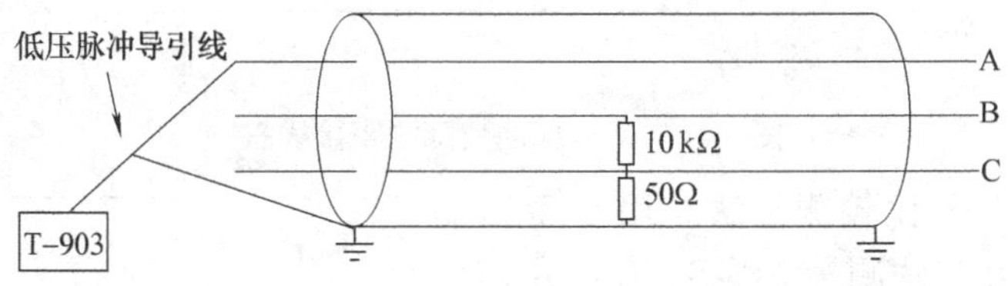

图 4-7　故障测距接线一

如图 4-8 所示，虚光标处的波形就是全长的开路波形，按**▲▶**键把虚光标移动到波形的拐点处，在屏幕的右上角显示 632m 就是全长。

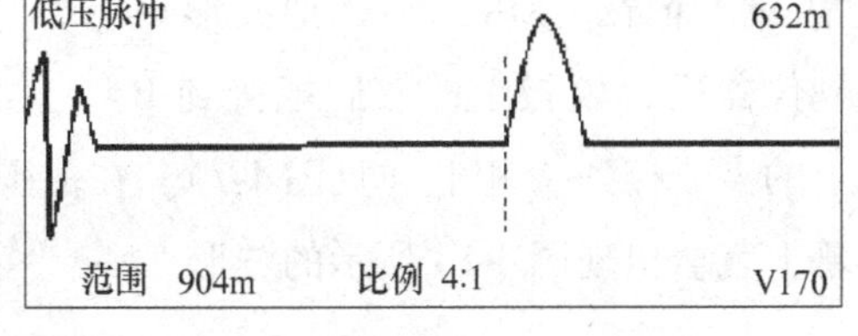

图 4-8　电缆全长波形

2）测量故障距离：按图 4-9 所示接线，把刚才接 A 相的夹子接到 B 相上，然后重复上面的操作，可看到图 4-10 所示的波形。

移动虚光标至波形的拐点后，显示 B 相的开路故障距离为 316m。也就是说 B 相在 316m 处断线了。

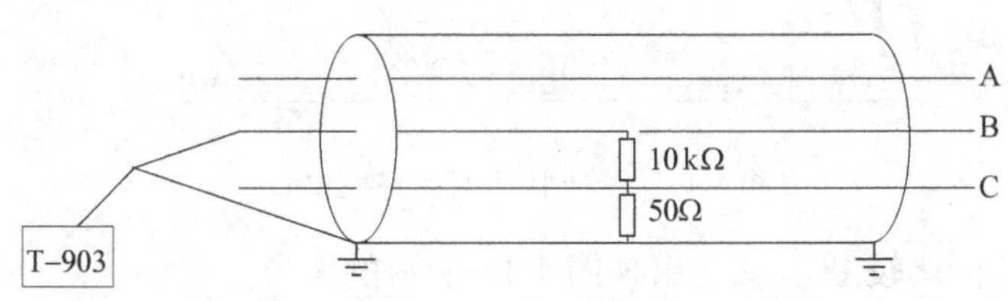

图 4-9　故障测距接线二

按图 4-11 所示，把 B 相上的接线夹子接到 C 相上，仍然重复上面的操作，就会看到图 4-12 所示的波形。

移动虚光标至波形的拐点后，显示 C 相短路故障距离为 314m。也就是说 C 相在 314m 处发生了低阻短路故障。

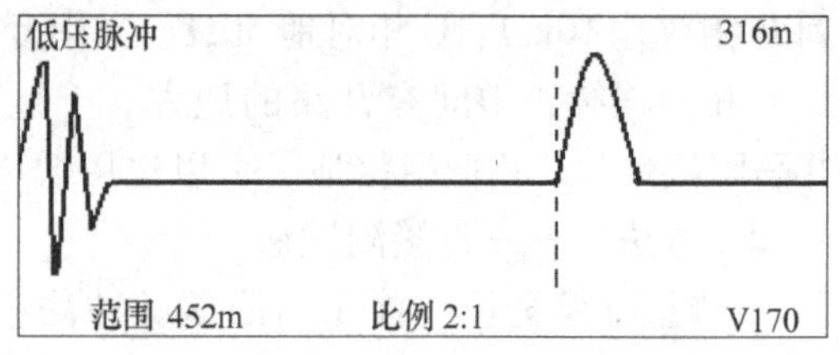

图 4-10 B 相低压脉冲故障波形

从对 B、C 两相开路和短路测试的故障距离看，得到的距离并不完全一致，这主要和虚光标放置的位置是否是波形真正的拐点有关。实际操作时由于电缆中每个点的波阻抗都不完全一致，屏幕上显示的波形是弯弯曲曲的，不会象图中画的那样平滑，故障波形的拐点更不好确定，所以低压脉冲方式测量故障距离时一般用低压脉冲比较法测量。

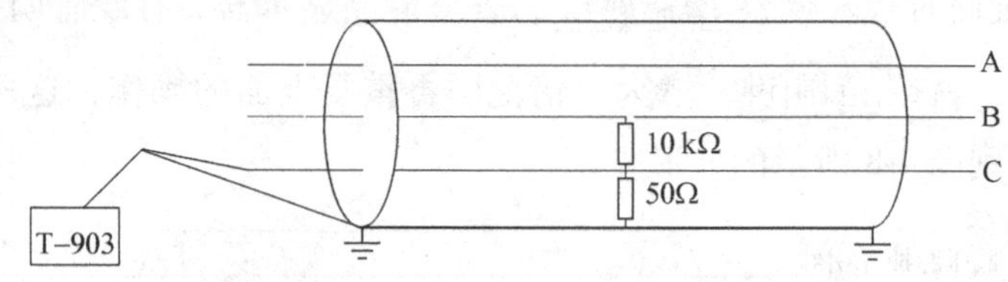

图 4-11 低压脉冲故障测距接线三

（3）方法二——比较测量法 用低压脉冲方式的比较法测量电缆 B、C 相对地故障距离的步骤如下：

1）首先按图 4-9 所示接线，操作仪器后得到图 4-10 所示波形，按两次**记忆**键，记忆‘OK’后，把波形记忆到仪器后台模板上，然后把接到 B 相上的夹子接到 A 相上（见图 4-7），在范围和增益都不动的情况下只按一下**当前**键，屏幕上就会出现图 4-13 所示的波形。

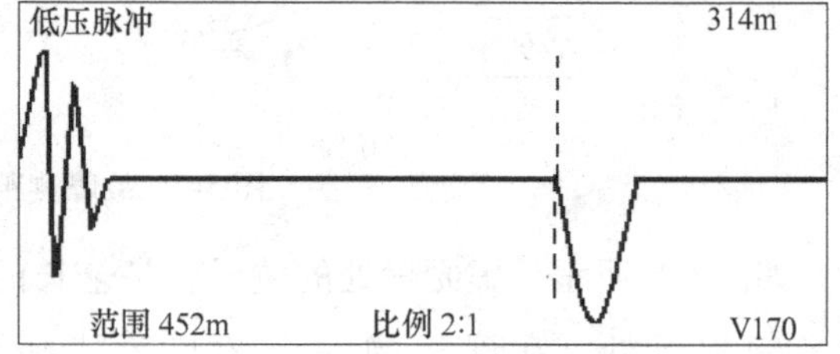

图 4-12 C 相低压脉冲故障波形

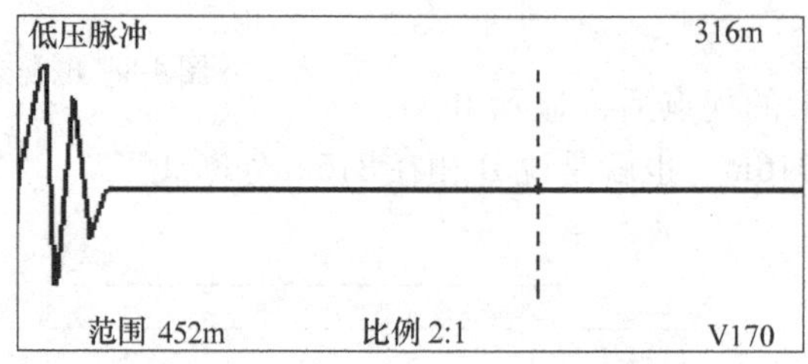

图 4-13 低压脉冲测良好相波形

2）然后按一下**比较**键，就会出现图 4-14 所示的波形。

3）把虚光标移到波形的分叉点处，显示的距离 314m 就是 B 相相对精确的故障距离。

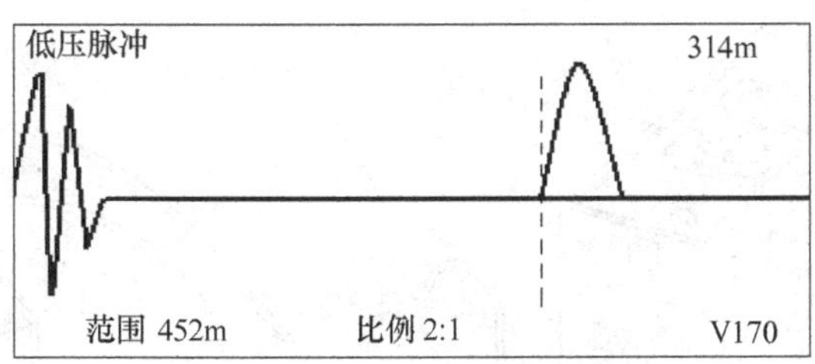

图 4-14　低压脉冲故障测试比较波形

4）同样，把 C 相对地测试的波形和 A 相对地波形比较将得到图 4-15 所示的波形。

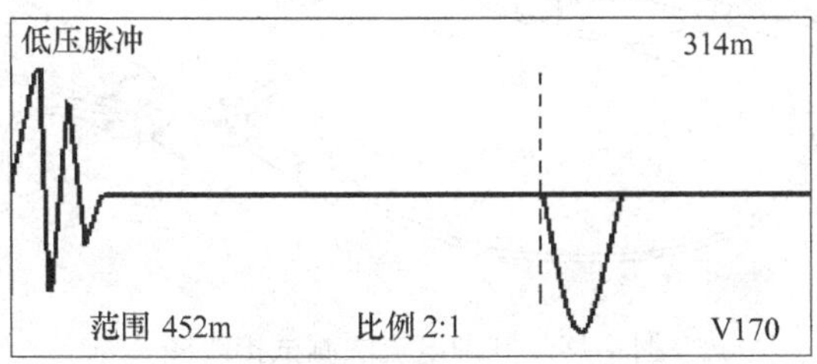

图 4-15　低压脉冲故障测试比较波形

5）也可以把 B、C 相分别对地测试的波形图进行比较，将得到图 4-16 所示的波形。

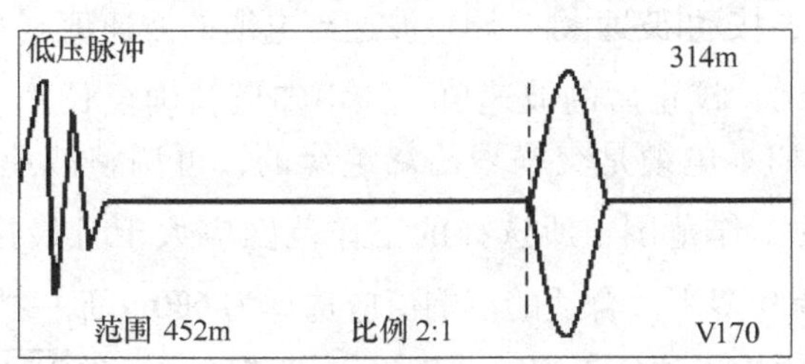

图 4-16　低压脉冲故障测试比较波形

把虚光标移动到波形的分叉点处，屏幕右上角显示的 314m 就是故障距离。

2. 脉冲电流方式（冲闪法）**测试故障距离**

（1）电缆故障性质诊断　如图 4-17 所示，这是一个 10kV 交联聚乙烯电缆，全长 600 多米，对电缆的绝缘和连续性测量后得知，电缆发生单相（C 相）对地故障，绝缘电阻 2MΩ，属高阻故障，可用脉冲电流法测试故障距离。

（2）测试接线　按图 4-18 所示的脉冲电流法测试接线图进行接线，把 T-302、电容、脉冲电流耦合器和 T-903 或 T-905 接好，注意保护地和工作地不要接到一个点上。

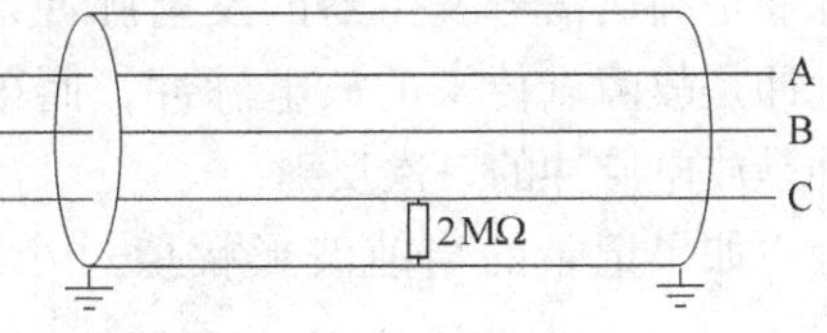

图 4-17　故障电缆示意图

在“单次”放电方式下操作高压信号发生器，使电压升到能使故障点击穿的程度。此时按下“单次”放电按钮后，电压表迅速回摆。然后开始操作 T-903，用脉冲电流法测试故障点的距离。

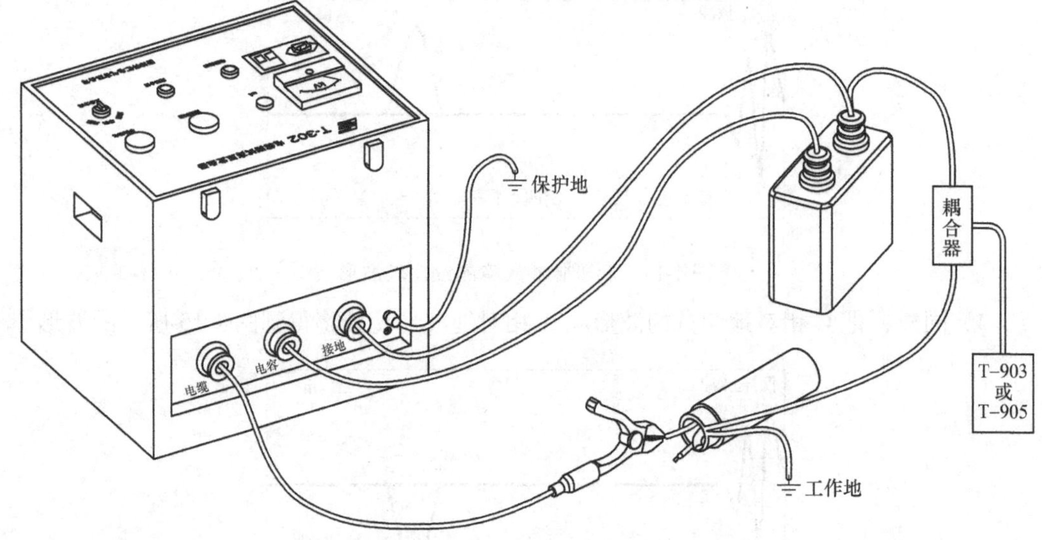

图 4-18　脉冲电流法测试接线图

（3）脉冲电流法的测试步骤

1）仪器调整：按 T-903 的 开/关 键打开仪器；按动 方式 键，使 T-903 工作在“脉冲电流”工作方式下；按动 波速 键，调整波速至电缆的波速值（此波速值是在低压脉冲方式下通过全长测试，校正后的波速值。如不知道精确全长，可根据是何种绝缘介质用经验波速值，例如本电缆是交联聚乙烯绝缘的，可调整波速至 170m/μs）；按动 范围 键，选择仪器的工作范围，所选择的工作范围应大于且最接近所测电缆的全长（例如本电缆长度为 600 多米，合适的范围值应选择为 680m 那一挡）。

经检查确认仪器完好、接线无误后，即可以进行测试。把 增益旋钮 旋至较小的位置，按动 预备 键，仪器处于等待触发工作状态，显示器正中间显示一条笔直的线，下边沿显示“延时时间 0μs 等待”提示符（注：延时时间的意义与怎样调整详见仪器说明书，这里不再详述）。

2）放电波形的记录：按动 T-302 的 单次放电 按钮，把冲击高压加到电缆上，使故障点放电。这时，T-903 被触发，显示出新的当前波形，如图 4-19 所示，其中第一个脉冲是高压信号发生器的发射脉冲，第二个脉冲是故障点传来的放电脉冲，而第三个脉冲是放电脉冲的一次反射。

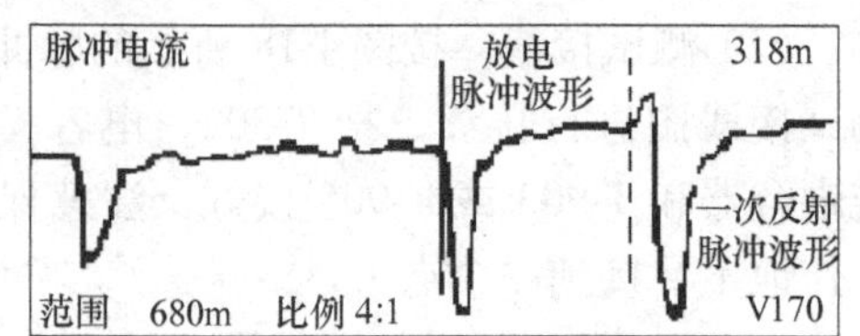

图 4-19　脉冲电流故障波形图

如果记录的当前波形幅值过小或过大，应适当增大或减小增益，重新按 预备 键进行测试。得到如图 4-19 所示的比较合适的波形图后，如波形图中一样把零点实光标放到故障点放电脉冲的下降沿，把虚光标放到放电脉冲一次反射的上升沿处，右上角显示的 318m 就是故障距离。

3. 二次脉冲法测距的操作步骤

（1）故障诊断　图4-20所示是一个10kV交联聚乙烯电缆，发生了单相高阻接地故障，故障电阻3MΩ。本例用T-905中的二次脉冲方式测试故障距离。

（2）接线方式　首先按图4-21所示的二次脉冲法测试接线图进行接线。

（3）操作步骤

1）打开T-303的电源开关（T-303的操作和T-302基本一样），将“工作方式”旋钮旋至“二次脉冲”方式，在“单次”放电方式下升高电压至足以击穿故障点。打开T-S100二次脉冲耦合器电源开关。

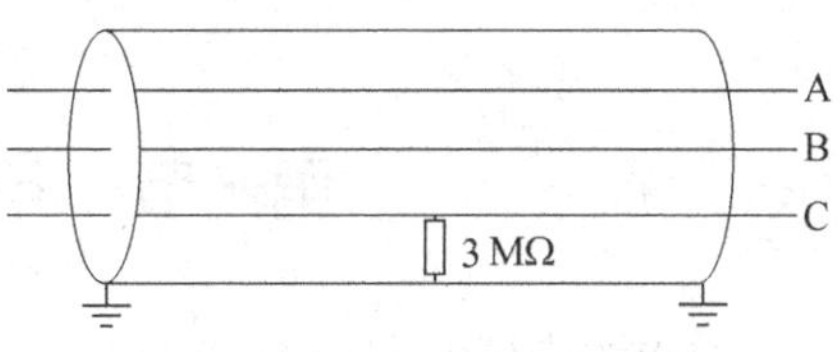

图4-20　故障电缆示意图

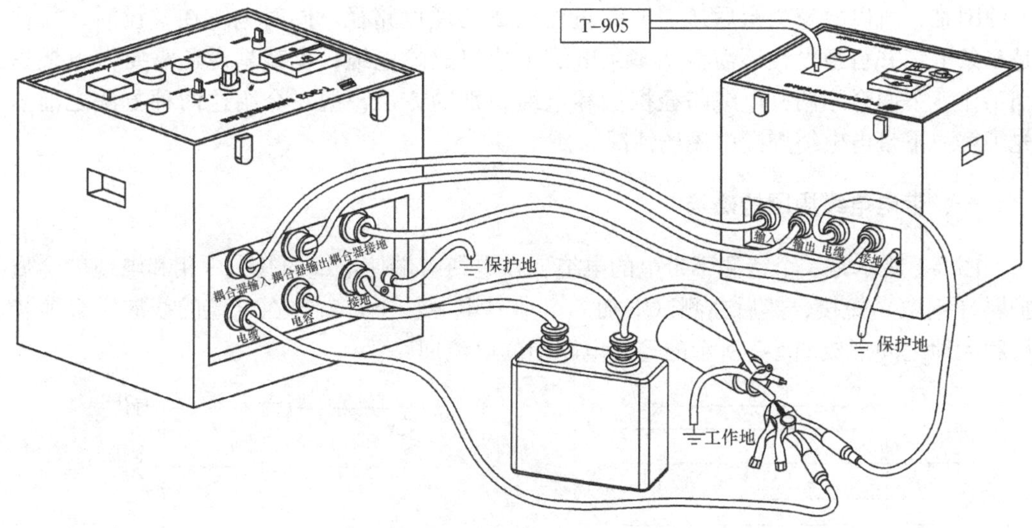

图4-21　二次脉冲法测试接线图

2）按T-905 开关 键，打开测距仪，将T-905的工作方式设置为二次脉冲方式，根据电缆的绝缘类型，调整好波速度，按 测试 键，仪器显示“等待触发”提示信息。

3）按T-303的“单次”放电按钮放电后，仪器自动发射脉冲，于是如图4-22所示的二次脉冲测试波形就显示在屏幕上了。

4）旋动光标旋钮，移动虚光标至两测试波形明显的分歧点处，440.3m就是故障点的距离。如果波形的幅值大小不合适，可适当调整一下增益值后，再测一次。

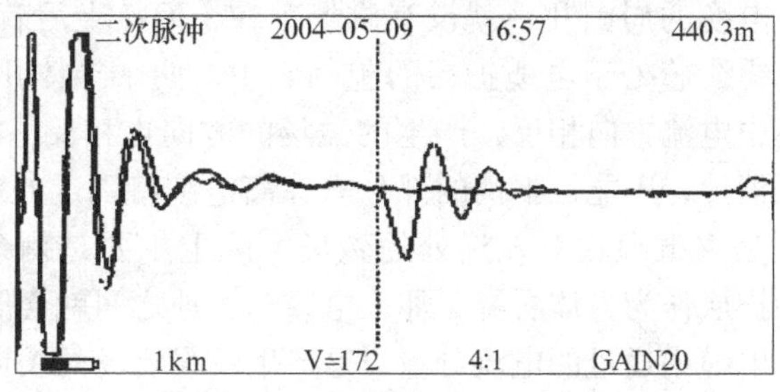

图4-22　二次脉冲故障波形图

第五章　电力电缆路径的探测与故障定点

第一节　电力电缆路径的探测

在对电力电缆故障进行测距之后，下一步要根据电缆的路径走向，找出故障点的大体方位，然后再进行精确定点。但由于有些电缆是直埋的或埋设在电缆沟里的，在图样资料不齐全的情况下，很难明确判断出电缆路径，从而给精确定点工作带来了很大的困难，所以故障测距后还需要测量出电缆的埋设路径。同时电缆在敷设时，往往是多条电缆并行敷设，还需要从多条电缆中找出故障电缆，也就是说还需要做电缆识别工作。下面介绍两种电缆路径探测和电缆识别的方法，但在介绍这两种方法之前需先了解一下带电电缆周围的磁场情况。

一、带电电缆周围的磁场

图 5-1 所示是一个待测不带电的电缆，在电缆对端使电缆的其中一相和电缆的金属护层（钢铠）短接，然后在测试端加一个信号电源，于是就会在电缆的线芯、金属护层和大地之间形成图 5-2 所示的等效电路图的电流回路。

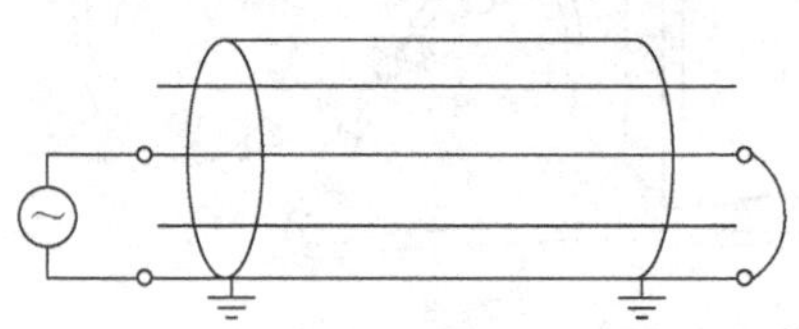

图 5-1　相铠连接接线示意图

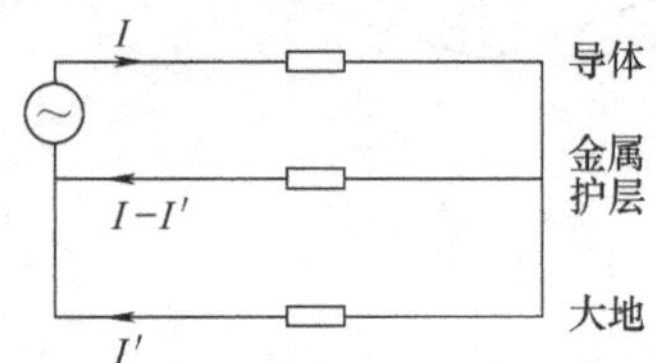

图 5-2　相铠连接等效电路

电缆线芯与金属护层和大地之间形成回路，导体中通过的电流 I 是金属护层和大地通过的电流之和。一般理论分析认为：由于线芯处于外金属护层的包围中，磁场被屏蔽，电缆周围的磁场就是电缆金属外护层通过的电流 $I-I'$ 产生的。但在实际测试时发现，当把电缆两端的钢铠接地线解开后，电缆的周围经常出现磁场很弱的情况，接上接地线后磁场就会陡然加强，特别是在把音频电流加入到相间时，如果不把处于低电位的线芯两端接地，电缆的周围几乎就没有磁场存在，而接上后就会完全不一样。这个现象表明：由于电缆线芯处于电缆护层的包围之中，两个导体几乎同轴心，并且距离特别近，在两导体中电流方向相反，产生的磁场的方向也相反，电流 $I-I'$ 产生的磁场几乎全部被相互抵消掉，不能被抵消的部分只在离电缆特别近的地方才能被检测到，电缆周围的磁场特别是离电缆相对较远处的磁场实际上主要是剩余电流值 I' 产生的。可以把电缆的线芯和护层作为整体看待，那么电缆和大地之间就会形成图 5-3 所示等效电路图的电流回路，电缆中通过的电流分量 I' 是产生较强磁场的关键，I' 是电缆护层对大地的泄漏电流、故障点处带电线芯与大地的回路电流和护层通过两端接地点与大地之间的回路电流共同组成的，成分比较复杂，但要想使带电电缆在电缆周围产生比较强的磁场，I'就不能为零，上述三个电流中必须有一个存在并且越大越好。

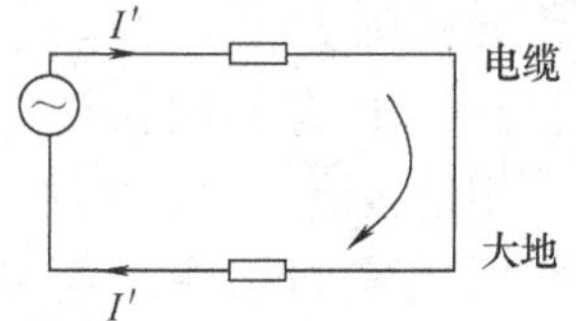

图 5-3　相铠连接等效电路

目前使用的电缆路径探测与电缆识别方法，就是在待测电缆上加入特定频率的（或脉冲的）电流信号，通过检测这个电流信号在电缆周围产生的磁场信号来查找出电缆路径和识别出在测电缆的。根据加入信号的不同，电缆路径探测和电缆识别的方法又分为音频感应法（又称为音频信号感应法）和脉冲磁场方向法两种。

二、用音频感应法识别电缆和探测电缆的路径

向电缆中加入一种特定频率的音频电流信号，在电缆的周围检测该电流信号产生的磁场信号，然后通过磁声转换，转换为人们容易识别的声音信号，从而来识别出在测电缆和探测出电缆的路径的方法叫音频感应法。常见加入音频信号的频率为：512Hz、1kHz、10kHz 和 15kHz 几种频率。

检测这个音频磁场信号的工具比较简单，就是用一个感应线圈来感应磁场信号，通过滤波后有选择的用声音或波形的方式把所加入到电缆上的特定频率的电流信号通过耳机或显示器表现出来，用耳朵或眼睛来识别这个信号，有这个信号的地方就是在测电缆通过的地方，从而就检测出了电缆的路径；当几条电缆一起敷设时，把感应线圈放到在测电缆上和把感应线圈放到其他电缆上听到或看到的声音信号肯定不同，从而就识别出了在测电缆。

用音频感应法探测电缆路径和识别电缆原理很简单，操作也很简单，本章不再大篇幅的讲述仪器的操作，但用此方法时需要注意以下几个问题。

1. 音峰法、音谷法探测电缆的路径

在相地连接加入音频信号情况下，当感应线圈轴线垂直于地面时，在电缆的正上方线圈中穿过的磁力线最少，线圈中感应电动势也最小，通过耳机听到的音频声音也就最小；线圈往电缆左右方向移动时，音频声音增强，当移动到某一距离时，响声最大，再往远处移动，响声又逐渐减弱。在电缆附近，声音强度与其位置关系形成一马鞍形曲线，曲线谷点所对应的线圈位置就是电缆的正上方，这种方法就是音谷法查找电缆的路径，如图 5-4 所示。

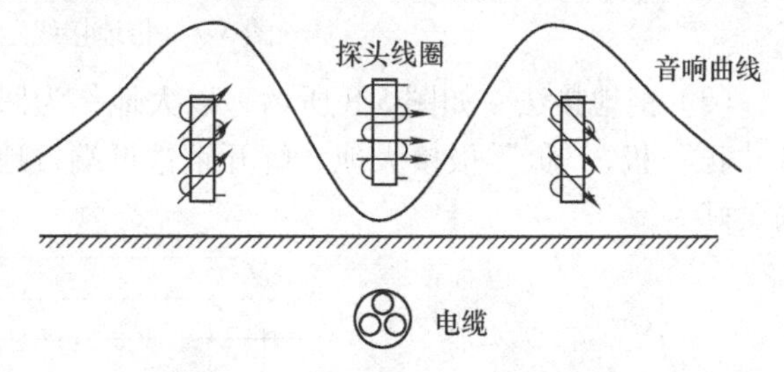

图 5-4　音谷法测量时的音响曲线

而当感应线圈轴线平行于地面时（要垂直于电缆走向），在电缆的正上方线圈中穿过的磁力线最多，线圈中感应电动势也最大，通过耳机听到的音频声音也就最强；线圈往电缆左右方向移动时，音频声音逐渐减弱。这样声响最强的正下方就是电缆。这种方法就是**音峰法**查找电缆的路径，如图 5-5 所示。

2. 电缆路径探测的接线方式

音频感应法探测电缆路径时，其接线方式有相间接法、相铠接法、相地接法、铠地接法、利用耦合线圈感应间接注入信号法等多种，根据上面所述的电磁理论，要想在大地表面得到比较强的磁场信号，必须使大地上有部分电流通过，否则磁场信号可能会比较弱。下面的接线方式中前三种接法比较有效，后两种接法感应到的信号会比较弱，能测试的距离比较近。

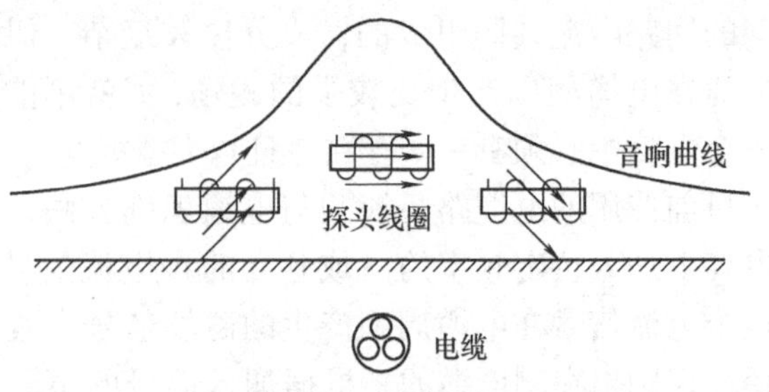

图 5-5 音峰法测量时的音响曲线

（1）相铠接法（铠接工作地） 如图 5-6 所示，将电缆线芯一根或几根并接后接信号发生器的输出端“正”极，“负”极接钢铠，钢铠两端接地，相铠之间加入音频电流信号。这种接线方法电缆周围磁场信号较强，可探测埋设较深的电缆，且探测距离较长。

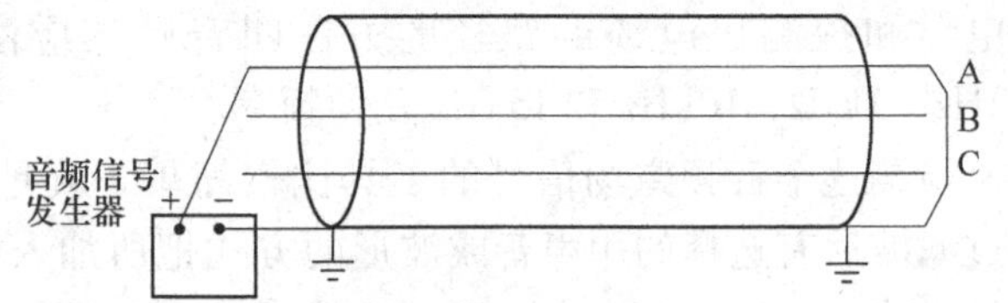

图 5-6 相铠接线示意图

（2）相地接法 如图 5-7 所示，以大地作为回路，将电缆线芯一根或几根并接后接信号发生器的输出端“正”极，“负”极接大地。电缆另一端线芯接地，并将原电缆两端接地线拆开。这种方法信号发生器输出电流很小，但感应线圈得到的磁场信号却不小，测试的距离也较远。

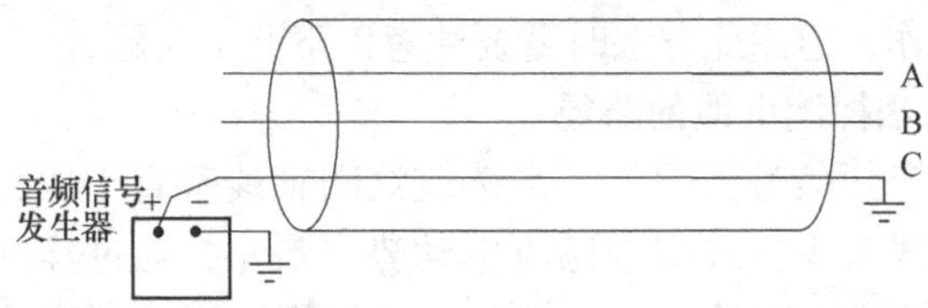

图 5-7 相地接线示意图

（3）铠地接法 如图 5-8 所示，以大地作为回路，将电缆钢铠接信号发生器的输出端“正”极，“负”极接大地，解开钢铠近端接地线。在有些情况下测试效果比相地接法要好。

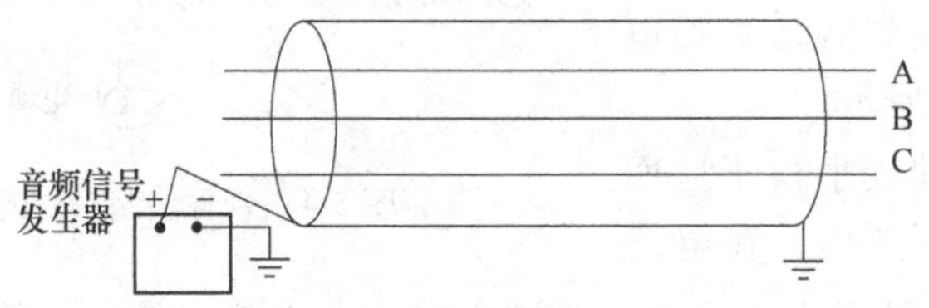

图 5-8 铠地接线示意图

（4）相间接法 如图 5-9 所示，在两相之间加入音频信号，接“负”极的相两端接大地。这种方法测试效果一般，测试距离较近。

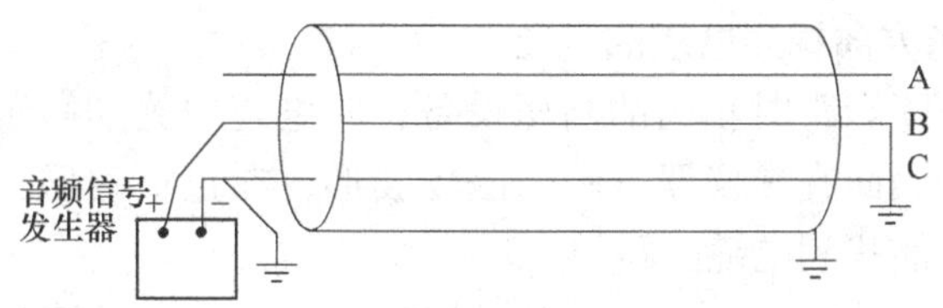

图 5-9　相间接线示意图

（5）耦合线圈感应法　将信号发生器的正负端直接连接至卡钳式耦合线圈上，在运行电缆露出部分（终端头附近）位置，用卡钳夹住，把音频信号耦合到电缆上，要求电缆两端接地线接地良好。这种方法测试效果一般，能测试的距离很短。

注：如果把相铠接法和相间接法两种接线方法中的接地线解开，也可以探测电缆的路径，但解开接地线后，大地上得到的磁场信号会变弱，能测试的距离很短。

在测量时要根据实际情况、使用效果，来选择不同的接线方法，以达到最快查到电缆路径的目的。

三、用脉冲磁场方向法识别电缆和探测电缆的路径

1. 脉冲磁场的波形与方向

上节关于电缆磁场的分析是针对正弦稳态电流的，但使用与冲闪法测试相同的高压设备，向电缆中施加高压脉冲信号，使故障点击穿放电时，故障点的放电电流是一暂态脉冲电流。根据对脉冲电流的分析和实际应用中的表现，我们可近似地认为暂态电流的磁场与稳态电流磁场的变化规律是基本一致的。也就是说从较远处看，电缆周围的磁场如图 5-10 所示。

从图中可看到，如果把感应线圈以其轴心垂直于大地的方向分别放置于电缆的左右两侧，那么右侧的磁力线是以从下方进入线圈的方向穿过线圈的，而左侧的磁力线则是从线圈下方出来的。现代智能故障定点仪器可以记录下电缆故障点放电产生的脉冲磁场信号，在电缆的左右两侧，记录到的脉冲磁场波形的初始方向不同，如图 5-11 所示。可把波形初始方向向上的称为正磁场，向下的称为负磁场（注意：电缆的左右侧磁场的方向是不同的）。

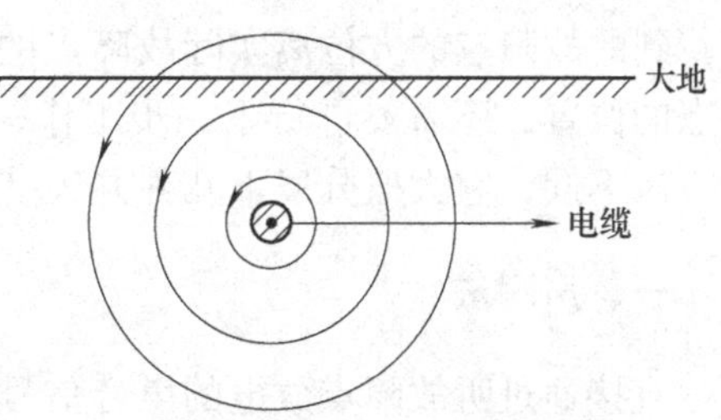

图 5-10　电缆周围的脉冲磁场

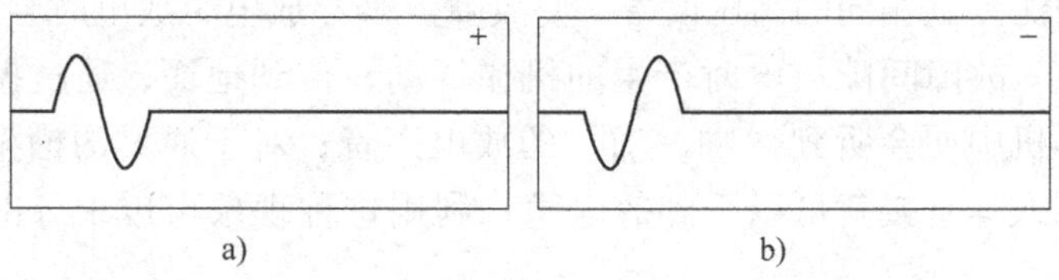

图 5-11　电缆周围的脉冲磁场波形

a）正磁场　b）负磁场

2. 利用脉冲磁场方向探测电缆的路径

使用与冲闪法故障测距时相同的高压设备，向电缆中施加高压脉冲信号，使故障点击穿放电，在地表表面查看仪器显示的磁场波形，在正负磁场交替的正下方就是电缆，通过这种方法就能找到电缆的路径。

这种路径查找方法的优点是：查找到的路径精确，外界环境存在的其他磁场信号很弱，对它的干扰很小；缺点是：查找路径的速度较慢。

3. 利用脉冲磁场方向鉴别电缆

在需鉴别电缆的对端做一个相对地间隙模拟故障，然后通过高压信号发生器向电缆中施加高压脉冲信号，把感应线圈分别放在各条电缆的两侧，磁场方向发生变化的电缆就是作业电缆。

需要注意的是：在距离电缆特别近的地方，电缆周围的脉冲磁场就不再等同于图5-10所示的磁场，护层电流和线芯电流不能再看作是同轴心的（单芯电缆除外），因统包电缆的各线芯是相互绕着包裹在一起的，带电线芯在电缆中的位置是变化的，护层上电流产生的磁场和带电线芯上电流产生的磁场作用以后，形成的偏心磁场的方向是不能确定的，所以用这种方法鉴别电缆时尽量把电缆分开一些，各条电缆之间的距离一般要大于电缆直径的几倍以上。

第二节 电力电缆故障的精确定点

在测量出故障电缆的故障距离和路径后，就可以根据路径和距离找到故障点的大概方位，但由于很难精确知道电缆线路敷设时预留的长度等因素，使得根据路径和距离找到的故障点的方位离实际故障点的位置可能还有一定的偏差，为了精确地找到故障点的位置，还需要进行下一步工作——故障定点。对于不同性质的故障，故障定点的方法不同，它大概分以下几种方法：

一、声测法

直接通过听故障点放电的声音信号或看故障点放电的声音信号所转换的其他可视信号来找到故障点的方法称为声测定点法，简称为声测法。

1. 应用范围

所有加高压脉冲信号后故障点能产生放电声音的故障。

2. 测试方法描述

使用与冲闪法测试相同的高压设备，使故障点击穿放电，放电时会产生放电声音；对于直埋的电缆，故障间隙放电时产生的机械振动，传到地面，通过振动传感器和声电转换器，在耳机中便会听到“啪、啪”的放电声音；对于通过沟槽架设的电缆，把盖板掀开后，用人耳直接就可以听到放电声；利用这种现象可以十分准确地对电缆故障进行定点。

传统的电缆故障定点仪一般都是用耳机监听或观察机械式指针的摆动来判断是否有故障点放电产生的声音信号的，检测手段相对落后，对信号里包含的信息利用不充

分，由于声音信号一瞬即逝，时间短暂，测试人员往往不能做出有把握的判断。随着微电子技术的发展，使用微处理机可以方便地记录、储存故障点放电产生的声音波形信号，使测试人员有充足的时间从信号的强度、频率、衰减、持续时间等多方面分析判断，排除外部噪声的影响，正确地识别出故障点放电产生的声音信号。

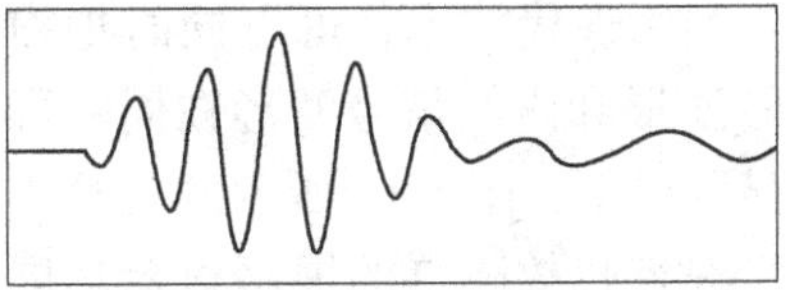
图 5-12　故障点放电的声音波形

一般来说，电缆故障点放电产生的声音信号波形是一个衰减的振荡信号，频率在 200～400Hz 之间，信号持续几个毫秒的时间，图 5-12 给出的是一个有代表性的电缆故障点放电的声音波形。

3. 声测法测试的优缺点

(1) 优点　这种方法容易理解，便于掌握，可信性较高。

(2) 缺点

1) 受外界环境的影响较大。实际测试中，外界环境噪声的干扰很大，使人很难辨认出真正的故障点放电声音，有时为了排除外界噪声干扰，需要夜深人静时才能测试。

2) 受人的经验和测试心态的影响较大。因为需要用人的耳朵去听放电声音，测试人员的经验和测试人员分辨声音的灵敏度成为能否找到故障点的关键。实际测试时，操作人员远离高压放电设备，往往因长时间听不到故障点的放电声音而心情浮燥，会怀疑高压设备已停止工作或怀疑自己已经偏移了电缆路径而使故障定点工作不能继续进行。

二、声磁同步接收法

通过分辨探测传感器接收到的放电时产生的声音信号和磁场信号的时间差来找到故障点的方法称为声磁同步接收法，简称为声磁同步法，这是为了对声测法扬长避短而研究出的新方法。

1. 应用范围

同声测法一样，声磁同步法可以测试除金属性短路以外的所有加高压脉冲信号后故障点能发出放电声音的故障。所不同的是，用声磁同步法定点时，除了接收放电的声音信号外，还同步接收放电电流产生的脉冲磁场信号。

2. 测试原理

在向故障电缆中加高压脉冲信号使故障点放电时，故障点处会产生声音信号，同时放电电流会在电缆周围产生脉冲磁场信号；通过感应线圈和振动传感器，用现代微电子技术可以把脉冲磁场信号和声音信号记录下来；如果在记录磁场信号的同时触发仪器接收外界声音信号，由于磁场信号是电磁波，传播速度极快，一般从故障点传播到仪器探头放置处所用的时间可忽略不计，而声波的传播速度则相对慢得多（传播时间为毫秒级），这样同一个放电脉冲产生的声音信号和磁场信号传到探头时就会有一个时间差，其值就能代表故障点距离的远近，找到时间差最小的点，就是故障点的正上方，换句话说，探头所对应的下方就是故障点。

利用现代技术，可以同时把声音信号波形和磁场信号波形在同一屏幕上显示出来，图5-13所示的就是声磁同步法查找故障点的屏幕显示。屏幕上半部分显示磁场波形，下半部分显示声音波形；通过磁场波形的正负查找电缆的路径，使测试人员定点时不至于偏离电缆；由于在接收到脉冲磁场后和接收到放电声音前的这段声磁时间差内，外界是相对安静的，这段时间内的声音波形近似为直线，直线的长度就代表时间差的长短。如图5-13所示，放电声音波形前面的（虚光标左边的）直线部分代表的就是声磁时间差，通过比较这段直线的长短就可以查找到故障点；这段直线最短时，探头所在位置的正下方就是故障点。

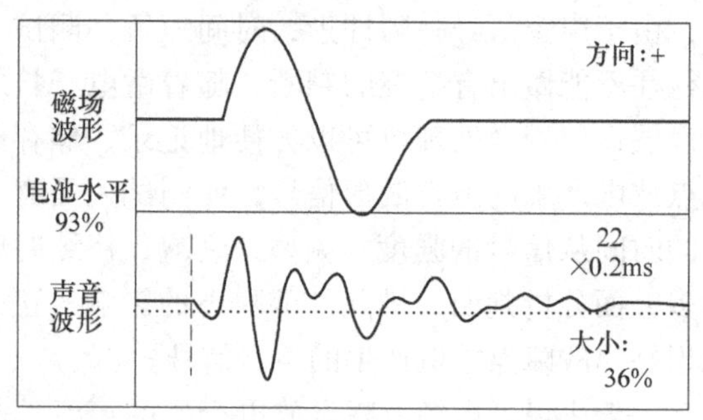

图5-13　声磁同步法定点的液晶显示

需要注意的是：由于周围填埋物不同以及埋设的松软程度不同等原因，很难确切知道声音在电缆周围介质中的传播速度，所以不太容易根据磁、声信号的时间差，准确地知道故障点与探头之间的距离。

3. 各种故障形式的接线方式

用声磁同步法进行故障定点的必要条件是：测试探头必须接收到脉冲磁场信号和故障点放电的声音信号。

由于用声磁同步法进行故障定位时，是通过先接收到的脉冲磁场信号触发仪器后，开始接收记录地下传来的声音信号的。所以对故障电缆进行施加脉冲电压使故障点放电时，故障电缆能否发出较强烈的、能被仪器接收到的脉冲磁场信号，是能否继续进行故障定点的前提。那么连接高压信号发生器对故障电缆施加冲击电压时，在接线方式上一定想办法使金属护层参与到放电的两者之间，护层两端的接地线要接好，这样在电缆的周围，就能收到比较强的脉冲磁场信号（在第一节已经论述）。

（1）单相或多相接地故障　这种故障占6kV及以上等级电缆主绝缘故障的95%以上。接地故障的冲击高压是加在故障相与电缆的金属护层之间的，故障间隙放电产生的振动，通过护层传到了地面上，容易被接收下来；多相接地时，虽然相间也有故障，也要把冲击高压加在故障相与金属护层之间，不应加在两相之间。

（2）相间故障　6kV及以上等级的电缆几乎不存在这种故障，低压电缆中这种故障相对多一些，但大部分是发生在芯线和零线之间。相间故障时，冲击高压加到两故障相之间，故障间隙放电产生的振动被电缆外绝缘层和金属护层屏蔽，地面受到的地震波较弱；有金属护层的低压电缆，运行时金属护层两端一般不接地，也不裸露出来，故障测试时要把金属护层露出来，并同位于低电位的那一相（一般为零相）连接后再和工作地连接到一起，以保证电缆能产生较强烈的脉冲磁场信号。

（3）开路故障　开路而不接地的故障极少发生。对这类故障测试时，要在对端把故障相和电缆金属护层连接并接到工作地上，使冲击高压加在故障相与电缆金属护层

之间，把故障当成闪络性故障测试。因为电缆绝缘和护层阻隔了开路处间隙放电的机械振动，地面上接收到的地震波较弱。如果电缆开路的同时又发生了接地现象，可参照（1）来处理。

三、音频感应法

1. 应用范围

音频感应法一般用于探测故障电阻小于10Ω的低阻故障。对于这种故障，其放电声音微弱，用声测法进行定点比较困难，特别是发生金属性短路故障的故障点根本无放电声音。这时，可使用音频感应法进行特殊测量。

用音频感应法对单相短路接地以及多相短路或多相短路并接地故障进行测试时，都能获得一定的效果，一般测寻所得的故障点位置的绝对误差为1～2m。

对于其他类型故障，如一相或两相开路故障，若采用特殊探头，也能用音频感应法准确地测出故障位置。

2. 定点的基本原理

音频感应法定点的基本原理，与用音频感应法探测地埋电缆路径的原理一样。探测时，用1kHz或其他频率的音频电流信号发生器向待测电缆中加入音频电流信号，在电缆周围就会产生同频率的电磁波信号，然后，在地面上用探头沿被测电缆路径接收电磁场信号，并将之送入放大器进行放大，而后，再将放大后的信号送入耳机或指示仪表，根据耳机中声响的强弱或指示仪表指示值的大小而定出故障点的位置。

3. 测寻故障的方法

（1）电缆相间短路（两相或三相短路）故障的测寻方法　用音频感应法探测相间短路（两相或三相短路）故障的故障点位置时，向两短路线芯之间通以音频电流信号，在地面上将接收线圈垂直或平行放置接收信号，并将其送入接收机进行放大。对于向短路的两相之间加入音频电流时，地面上的磁场主要是两个通电导体的电流产生的，并且随着电缆的扭距而变化；因此，在故障点前，探头沿着电缆的路径移动时，会听到声响有规则的变化，当探头位于故障点上方时，一般会听到声响突然增强，再从故障点继续向后移动时，音频信号即明显变弱甚至是中断，如图5-14所示。因此，声响明显增强的点即是故障点。

相间短路及相间短路并接地故障的故障点位置，用音频感应法测寻比较灵敏。除低压电缆外，纯相间短路故障很少，一般的都伴随着接地故障同时出现。无金属护层的低压电缆发生金属性短路故障时，一般也会是开放性的对大地泄漏的故障；对有金属护层的电缆发生金属性短路时，如果在相间加入音频信号，收到的音频磁场的强度可能很小（在本章第一节中已经阐述），测试时一定要细心。

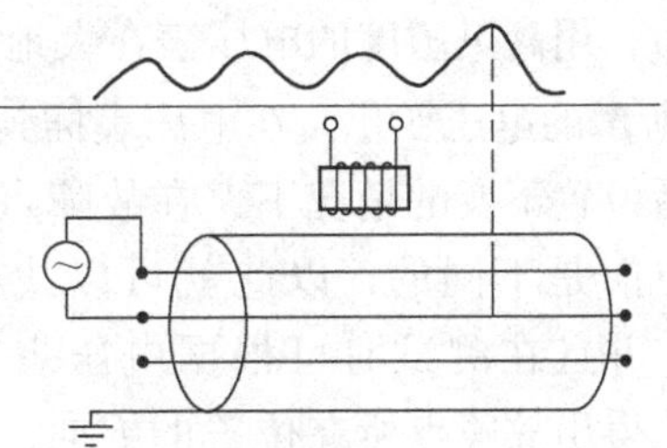

图5-14　用音频感应法探测电缆相间短路故障

（2）单相接地故障测寻方法　按图5-15所示接线，测寻单相接地故障点位置时，将音频信号发生器接在故障相导体与金属护层之间，对端的接地线一定要拆开。

向短路的线芯和金属护层之间加入音频电流时，地面上的磁场主要是电流I'产生的，I'是电缆护层对大地的泄漏电流、故障点处带电线芯与大地的回路电流和护层通过接地点与大地之间的回路电流共同组成的；因此，当探头在故障点前沿着电缆的路径移动时，在故障点之前会听到有规律的、强度相等的音频声音，当探头位于故障点上方时，声音会突然增强数倍，再从故障点继续向前移动时，音频声音又会明显变弱，如图5-15所示。因此，音频声音信号明显增强的点即是故障点。之所以过故障点后音频信号还会存在，而不是消失，主要是因为有金属护层对大地的泄漏电流和线路中分布电容的存在。

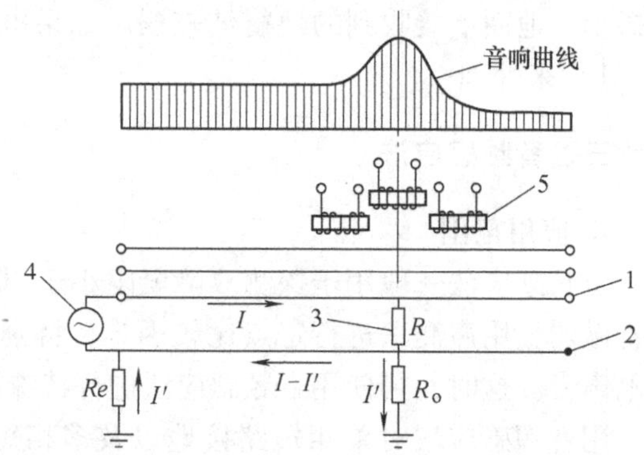

图5-15 音频感应法测寻单相接地故障原理
1—电缆线芯 2—护层（铠装） 3—故障点
4—音频信号发生器 5—探头

实际上，由于干扰，使用音频感应法测量接地故障是比较困难的，往往会找不到故障点，这点应注意。

四、跨步电压法

1. 应用范围

对于直埋电缆的故障点处护层破损的开放性故障，可用跨步电压法定点。

2. 定点原理与测寻方法

如图5-16所示，这是一个直埋电缆的开放性接地故障，AB是线芯，A′B′是金属护层，故障点F′处已经裸露对大地，当把护层A′和B′两点接地线解开后，从A端向电缆和大地之间加入高压脉冲信号，那么在F′点的大地表面上就会出现喇叭形的电位分布，用高灵敏度的电压表在大地表面测两点间的电压，在故障点附近就会产生图5-17所示的电压变化。在电压表插到地表上的探针前后位置不变的情况下，在故障点前后表针的摆动方向是不同的，以此就可以找到故障点的位置，并且在测试时可根据电压表表针的摆动方向，得出故障点所在位置的方向，给故障定点工作带来很大的便利。

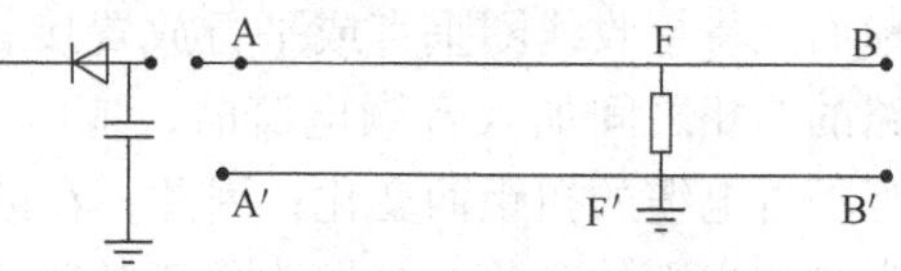

图5-16 跨步电压法故障定点的接线

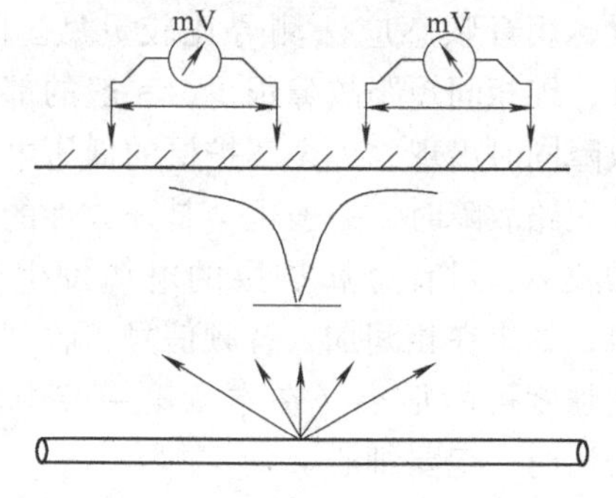

图5-17 地面电位分布图

3. 注意事项

1）跨步电压法只能测试直埋电缆的开放性接地故障，不能用于探测非开放性的和其他敷设方

式的电缆故障。

2）加电压时是在故障相和大地之间加脉冲电压，护层两端的接地线一定要解开。

3）加电压时金属护层是瞬间带高压的，护层表面其他被破坏的地方也可能会在地表上产生跨步电压分布，所以用跨步电压法进行故障定点时，一定要参照测得的故障距离，否则找到的地方将可能不是真正的故障点。

4）根据跨步电压原理，生产出了许多形式的仪表，其中以能显示故障点方向的为最佳。但不管何种表现形式，测试时插到地表上的电压表的探针前后位置不能有变化，测试时一定要注意这一点。

第六章　电力电缆路径探测与故障定点设备

电力电缆路径的探测与金属性短路故障的定点设备是由音频信号发生器及其接收器组成的；而声测法与声磁同步法定点的设备是由使故障点放电的高压信号发生器和接收声磁信号的设备组成的。T-302 电缆测试高压信号发生器我们已经在第四章中简单地介绍了，下面先简单介绍用于接收声磁与音频信号的 T-505 电缆故障定点仪与 T-602 电缆测试音频信号发生器，然后再详细描述路径探测与故障定点的操作步骤。

第一节　T-505 电缆故障定点仪

一、概述

T-505 电缆故障定点仪（以下简称 T-505）是具有多种故障定点方法和多种路径探测方法的综合性仪表。

配合高压信号发生器使用，可以用声测法、声磁同步法对电力电缆的非金属性短接故障进行精确定点，测试精度为 0.1m，同时可用脉冲磁场的方向法进行路径探测，这种方法进行路径探测时不受其他外界信号的干扰。

配合音频信号发生器，可以进行音频感应法测试，能迅速准确地探测电缆路径，同时也可以对金属性短路故障进行精确定点，并能进行电缆的鉴别和深度测量。

二、仪器的结构

1. 整机构成

整机由主机与附件共同组成，其中，附件包括声磁探头、提杆、手球、探针、耳机和充电器。

2. 面板的组成及功能介绍

T-505 的输入输出插孔、显示器件及调节旋钮大都安装在面板上，如图 6-1 所示。

（1）[信号输入]插孔　接探头输出电缆，用来输入信号。

（2）[耳机输出]插孔　接耳机插头，供监听声音时使用。

（3）[磁场增益]旋钮　进行声磁同步测试时，用来调节仪器磁场放大器的增益，使仪器能够正确地被电缆击穿放电时发出的磁场信号触发。

（4）[声音增益]旋钮　用来调节仪器声音放大器的增益，使屏幕显示的声音波形的幅值足够大而不失真，耳机监听的感觉清晰而不刺耳。

（5）[同步指示]指示灯　进行声磁同步测试时，在仪器被磁场信号触发的同时，闪

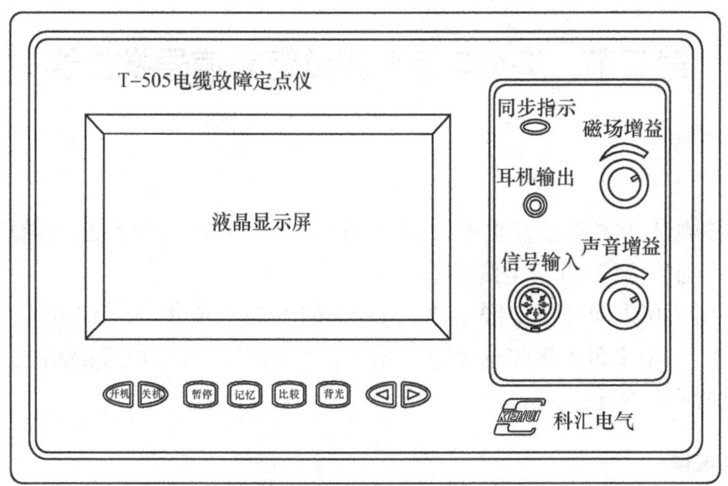

图 6-1　T-505 面板

亮一下，提示故障点已放电。若探测点在离故障点几米范围内，可在此时用耳机监听到一个不同于环境噪声的放电声。

(6) 液晶显示屏　用来显示仪器波形和提示信息。

各按键功能如下：

(1) [开机]与[关机]键　用来打开与关闭仪器电源。

(2) [背光]键　当周围环境较暗，液晶显示的内容不清晰时，按动此键，液晶的背光灯点亮，获得清晰图像，再按一次，背光灯关闭。

(3) [暂停]键　可使仪器暂停触发，以便仔细观察和分析当前记录到的波形，此时屏幕上有“暂停触发”闪烁字样，再按一下恢复正常。

(4) [记忆]键　按动此键，仪器将当前波形存入存储器。

(5) [比较]键　与[记忆]键配合使用。按动此键，仪器将记忆的波形显示在屏幕上，可以和每次屏幕更新后的当前波形进行比较。再次按动该键，记忆的波形消失。

(6) [<]和[>]键　光标的左移键和右移键。按动一下，光标向左或向右移动一下，如果按下键不放开，光标将连续快速移动。

当进行声磁同步测试时，光标键用于标定声磁延时的大小，将光标移动到故障点放电声音波形的起始处，声音波形框的右上角显示出声磁延时值。光标处于其他位置时，显示的时间值没有意义。

3. 附件的功能

(1) 声磁探头　由振动传感器与线圈共同组成。主要用来接收故障点放电产生的声音信号与故障电缆产生的脉冲磁场信号。

(2) 耳机　用来监听故障点放电的声音信号。

(3) 探针　在故障电缆周围的介质比较松软时，连接到探头上，插入到电缆上方的介质中，以加强探头接收声音信号的能力。

第二节 T-602 电缆测试音频信号发生器

一、概述

T-602 电缆测试音频信号发生器（以下简称 T-602）与 T-505 配套使用，用于电缆路径的探测、低阻故障定点及电缆鉴别。

操作时，用 T-602 向被测电缆中注入 1kHz 的音频电流信号，在电缆线路上产生相应频率的电磁波，用 T-505 接收这个电磁信号，从而得到被测电缆的路径、故障点的位置或鉴别电缆所需的信息。

二、面板说明

面板如图 6-2 所示。

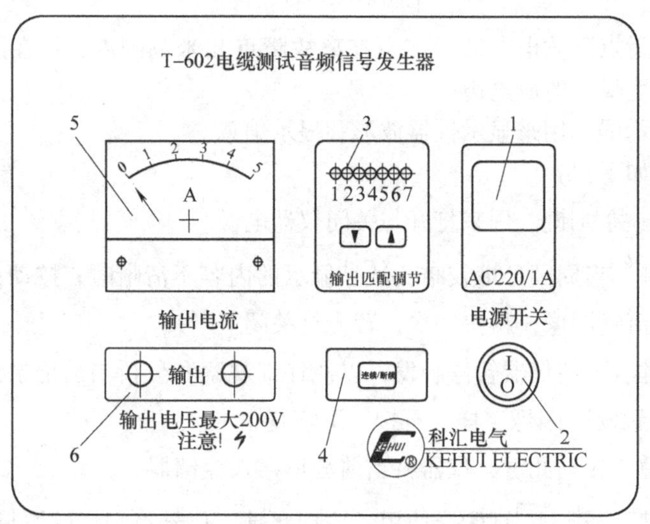

图 6-2 T-602 面板

（1）电源插座 使用 220V 单相交流电。

（2）电源开关 按下“I”开机，同时指示灯亮，按下“O”关机。

（3）输出匹配调节键 根据仪器的负载不同，可以通过调节“▼”、“▲”键降低或提高仪器输出电压。每按一下“▼”键可降低一挡输出电压，直至最低挡（第 1 挡）；每按一下“▲”键可提高一挡输出电压，直至最高挡（第 7 挡），有指示灯指示相应挡位。

说明：由于仪器具有自动保护功能，用户在调节过程中不必担心输出过载损坏仪器。

（4）连续/断续键 可使仪器在输出连续音频信号或断续音频信号之间交替转换。

（5）电流表　显示输出电流。

（6）输出插座　接仪器的测试引线，将音频信号输出到待测电缆上。

第三节　音频信号感应法路径探测与金属性故障定点的操作步骤

通过 T-602 向电缆中施加音频电流信号，用 T-505 的音频信号接收功能接收该电流信号产生的音频磁场，可进行路径探测与金属性短路故障定点。其操作步骤如下：

一、仪器的现场连接

1）将 T-505 附带的提杆、手球与 T-602 附带的音频探头连接在一起。

2）将音频探头的输出插头插在 T-505 的**信号输入**插孔里，仪器自动将工作方式置为音频感应方式测试。

3）将耳机插在 T-505 的**耳机插孔**里。

4）将 T-505 的**磁场增益**调到最小（即逆时针旋转到头）。

二、T-505 音频接收功能的显示

打开 T-602 的电源开关，向电缆注入 1kHz 的音频电流信号后，打开 T-505 的电源，2s 后，仪器进入正常工作状态，屏幕显示如图 6-3 所示信息。

主要有以下内容：

（1）信号频率　当前接收信号的频率。

（2）增益情况　当信号幅值太大以至失真时，屏幕将显示“增益过大”；当信号幅值太小时，将显示“增益过小”；正常则无显示。

（3）干扰情况提示　当信号频率小于 0.9kHz 或者大于 1.1kHz 时，显示“干扰”；如果信号频率是 1kHz，则无显示。

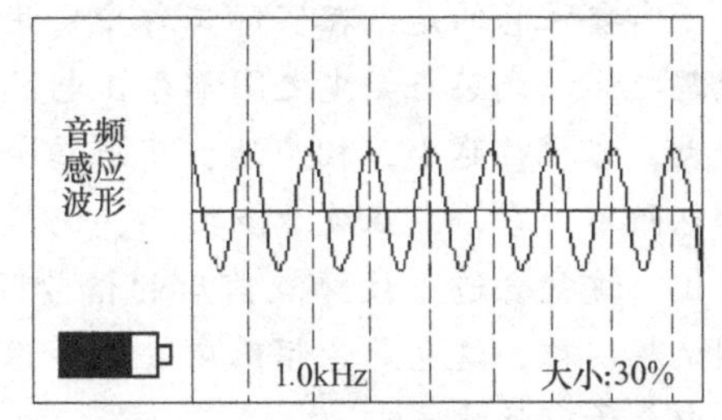

图 6-3　T-505 音频感应法的屏幕显示

（4）信号幅值百分比　当前信号幅值的相对大小，最大为 99%。

（5）电池符号　表示机内电池电能的多少。其中黑色的部分越多，表示电能越充足；电压太低时，电池符号将会闪烁，如果继续使用，将会自动关机。

图中虚线宽度对应频率为 1kHz 的信号。当显示 1kHz 波形时，应在一个虚框里显示一个周期；否则接收到的波形不是 1kHz 发射机发射的信号。

如果您想进一步看清某一个波形时，可按**暂停**键，再按一下**暂停**键可显示新接收到的波形。

适当调节**声音增益**旋钮，使显示波形最强且不会超出屏幕，再调节耳机上的旋钮，使自己能适应声音变化。

注意：磁场增益旋钮，记忆、比较、<、>键此时无效。

三、路径探测

1）按第五章第一节所述的接线方式接线，首选相铠接法，即在金属护层和线芯之间加入音频电流信号（也可以用其他接线方式）。

2）T-602开机，选择输出方式，推荐用“断续”方式，向电缆中输入断续的音频电流信号。

3）携带上述连接好音频探头的T-505，到需要进行路径探测的地方，通过看波形或听声音的方式寻找音频信号发生器发出的信号，用音峰法或音谷法寻找电缆的路径（参见第五章第一节）。

四、金属性短路故障的定点

1）按照第五章第二节讲述的音频感应法寻找相间或相地金属性短路故障点的接线方法，在发生故障的两者之间加入音频信号（对端不必短接）。

2）T-602开机，选择输出方式。推荐先用“断续”方式，待找到故障点的大概位置后，再换“连续”方式，把故障点的位置精确认定一下。

3）携带上述连接好音频探头的T-505，到故障测距所得的大体位置附近或者沿整条路径，通过看波形或听声音的方式寻找音频信号发生器发出的信号，沿电缆路径寻找T-505接收到的音频信号突然增强的地方，此处就是电缆的金属性短路点（参见第五章第二节）。

需要注意的是：在实际工作中，用音频感应法寻找电缆的故障点时，因为电缆的线芯之间，线芯与铅皮之间都存在电容，电容对交流信号存在容抗，电缆越长，电容越大，容抗就越小，相应地，交流信号流过电容的电流也越大。所以，只要电缆的故障电阻不为零，则在故障点之后，仍然会有电容电流引起的磁场信号，而且也有节距变化，这就会造成故障点前后的信号强弱变化不明显，故障点电阻越大，越不明显，测试越困难，这也是音频感应法不适用探测较高故障电阻电缆的主要原因，在实际测试中要予以注意。

第四节　脉冲磁场方向法路径探测与声磁同步法故障定点的操作步骤

通过高压信号发生器向故障电缆中施加高压脉冲信号，使故障点击穿放电，通过T-505的脉冲磁场与声音信号的接收功能，同步接收故障电缆产生的脉冲磁场信号与故障点放电产生的声音信号，可进行路径探测与故障定点。

一、仪器的现场连接

1）将T-505附带的提杆、手球与声磁探头连接在一起。

2）将声磁探头的输出插头插在T-505的信号输入插孔里，仪器自动将工作方式设

置为声磁同步接收方式。

3）将耳机插头插在 T-505 的**耳机输出**插孔里，用耳机监听放电声音。

4）将 T-505 的**磁场增益**旋钮先调到最大。在测试时，找到电缆路径接收到脉冲磁场信号后，根据实际情况再进行调整。

5）将 T-505 的**声音增益**旋钮先调到最大。在测试时，待接收到故障点放电的声音信号后，根据实际情况再进行调整。

6）若现场地面比较松软，可将探针旋入探头底部，将探针垂直插入地面，以提高探测灵敏度。

二、T-505 声磁同步接收功能的显示与调节

1. 仪表的液晶显示

按动“开机”键，打开仪器电源开关，仪器显示参考波形，等待放电触发，如图 6-4 所示。

屏幕显示有以下内容：

（1）磁场波形　触发后更新，用来寻找路径以及判断是否正确触发。

（2）磁场方向　仪器自动判断，用来进行路径探测。

（3）声音波形　触发后更新，用来显示探头接收到的声音波形，并进行故障定点。

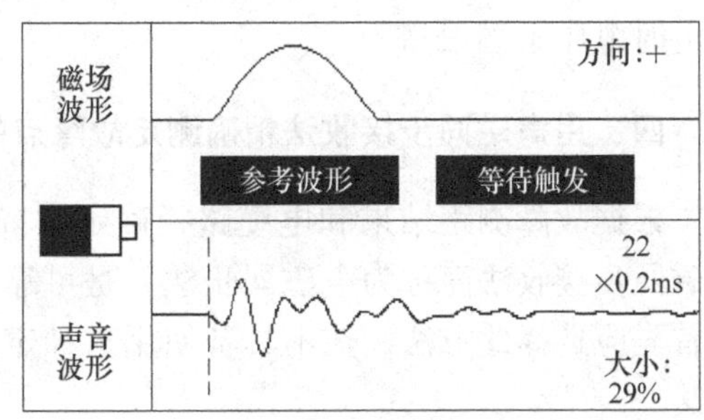

图 6-4　开机显示

（4）光标　通过 < 、 > 键移动，用来指示放电声音波形的起始位置，标定声磁时间差的大小。

（5）声磁时间差　和光标位置对应，上面的数字表示光标从零点移动到当前位置经过的液晶点数，“×0. 2ms”表示光标在屏幕上移动一点所代表的时间单位。

（6）幅度大小　表示放大后声音信号的相对强弱，最大为 99%。

（7）电池符号　表示电池中剩余能量的多少。

2. 磁场与声音增益的调节

用声磁同步接收法进行故障定点与脉冲磁场方向法探测路径时，通过磁场增益旋钮的调节，使仪器能接收到脉冲磁场信号，同时不至于使磁场波形太大，以能分辨出磁场的正负为准。声音增益旋钮在刚开始定点时调到最大，待到故障点附近有放电声音波形时，再根据实际情况进行调节。

三、脉冲磁场方向法探测电缆路径

在故障定点的同时能进行路径探测是很有实际意义的，它既可以使故障定点人员不至于偏离电缆，又可以使定点人员时时知道高压信号发生器的运行状态。

用脉冲磁场法进行路径探测时，可以不必关心声音波形。

首先选定一个点放置探头，观察仪器触发后显示的磁场波形，若波形的起始处是向上的，则方向是“+”，反之是“-”。沿电缆走向的垂直方向在另一点放置探头，当仪器再次触发后观察磁场波形，如果在这两点得到的磁场方向不同，说明电缆位于两点之间，否则这两点位于电缆的同侧，应继续向这个方向或反方向移动探头，直至找出电缆的位置。再沿电缆走向方向移动探头，重复上述过程，定出多个电缆的位置点。多个位置点的连线即是电缆的路径。如图6-5所示，这是两个典型的脉冲磁场波形，这两个磁场的方向是相反的。

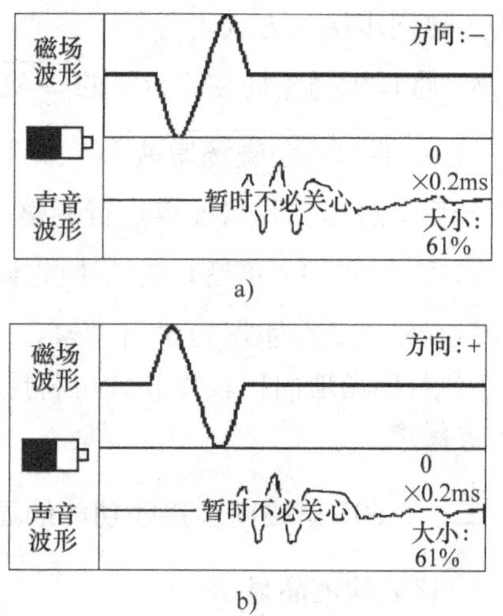

图6-5　典型的脉冲磁场波形

a）负脉冲磁场波形　b）正脉冲磁场波形

若需要探测完好电缆的路径，可在对端将电缆的一条线芯对地短路，以形成放电回路，放电时电压不必很高。

四、用声磁同步接收法精确测定故障点的位置

根据故障测距结果和电缆路径确定故障点的大体范围，在这个范围内进行定点。声磁同步接收法简称为声磁同步法，是可靠性与精确度都很高的一种方法，故障定点时首先应选择此方法，在不具备使用这种定点方法的条件时，可以考虑使用其他定点方法。

1. 接线方式

图4-18所示是声磁同步法故障定点时高压信号发生器的接线图。在故障定点时，最好把高压脉冲加在故障线芯和金属护层之间。对于单纯的相间故障，接线时应把其中一个故障相和金属护层接在一起，形成类似的单相接地故障来测试。护层的两端要接工作地，否则就可能很难收到脉冲磁场信号，如第五章所论述。

2. 操作步骤

首先在“单次放电”方式下操作T-302，把冲击电压升到足够使故障点击穿放电的程度（能看到电压表的迅速大幅度回摆），然后把T-302的工作方式调至“周期放电”方式。

组装好T-505并将其拿到离T-302十几米以外的故障电缆的路径上，开机，调整磁场增益，看是否能接收到高压脉冲的磁场信号。如果接收不到，应检查高压设备与电缆的接线情况，重点是电缆两端的接地线。对于金属护层两端不接地的低压电缆，要把金属护层接地。如果能接收到，就到测距仪测得的故障距离的大体方位处，用T-505进行故障定点。首先根据脉冲磁场的方向，找到电缆的路径；然后沿着电缆路径放置声磁探头，1~2m放一次，每次放置的时间以能接收3~4次脉冲磁场信号为宜，在保证接收到脉冲磁场的同时，观察液晶显示器显示的声音波形（这时要把声音增益调到最大），如果能在一个点连续看到如图6-6所示的声音波形，就说明离故障点已经很近

了。

小范围内移动探头，使放电声音波形前面的直线部分达到最短，即声磁时间差最小，那么探头正下方就是故障点，误差一般不超过0.2m。

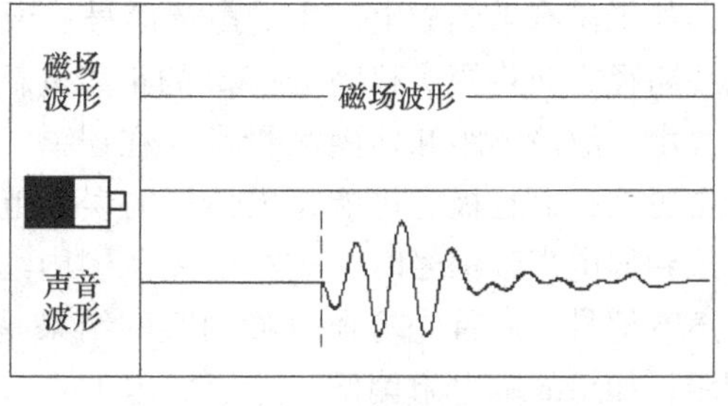

图6-6　放电的声音波形

3. 声磁同步法定点的几个基本知识和注意事项

（1）信号鉴别　将探头放在电缆上方，故障点击穿放电时，仪器触发，“同步指示”灯闪亮，液晶显示屏显示采集到的磁场和声音信号波形。如果故障点放电发出的声音信号能够被仪器接收到，则其波形将明显不同于噪声波形，最基本的特征为：

- 噪声波形：杂乱无章，没有规律，在同一测试点每次触发显示的波形均不一样。
- 放电声音波形：规律性很强，在同一测试点，每次触发显示的波形在形状、幅值、起始位置等各方面均非常相似。

在对直埋电缆进行定点时，放电声音波形和一段正弦波有些相似。如图6-7所示，信号越强越相似，能分辨出的周期数越多；信号越弱，变形越严重，周期性越差。图中虚光标所在的位置没有任何意义。

仪器的抗干扰能力很强，显示的放电声音波形一般比较稳定，但偶尔的强烈干扰也会造成声音波形变形严重以致无法分辨，这时只要在同一点多进行几次采样即可。

在定点过程中，可以使用耳机来监听声音，若探头距离故障点已经足够近，则能够在“同步指示”灯闪亮的同时，听到一个不同于环境噪声的故障点放电声。

在进行信号鉴别的时候，波形识别是主要手段；耳机监听是辅助手段，可以用来验证波形识别的结果。一般地，如果能监听到放电的声音信号，则放电的声音波形早已能够被正确识别；但反过来，由于听觉分辨力不如视觉，以及环境噪声、个人经验等原因，在放电的声音波形能够识别时，监听并不一定能分辨出放电的声音信号。更应该注意的是，由于放电磁场很强，不可避免地对声音信号通道产生影响，有时在离故障点还比较远的地方，经过极力分辨也能监听到一个很小的声音信号，虽然不同于环境噪声，但是在不同的位置，声音强度不变，波形无法识别，这时可以断定这种声音是干扰，而不是故障点放电的信号。

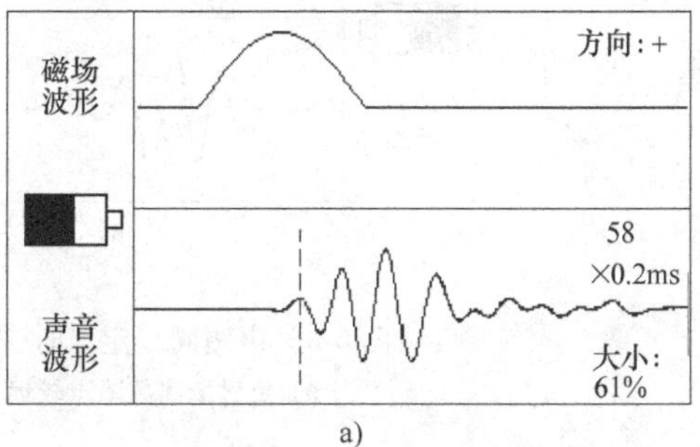

a)

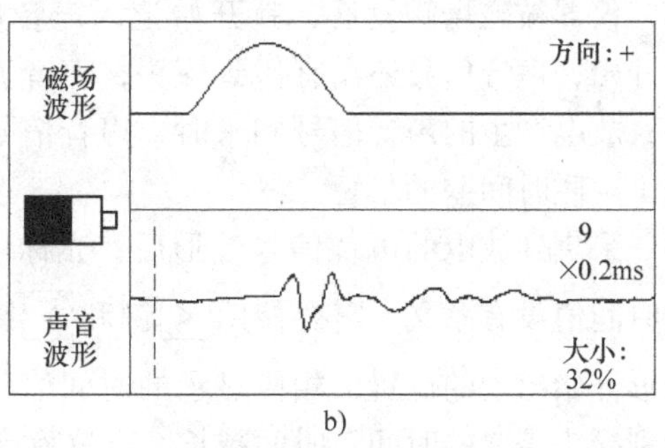

b)

图6-7　典型的放电声音波形
a）信号较强　b）信号较弱

如果没有采到放电产生的声音信号，说明探头的位置距离故障点还比较远，应沿电缆路径方向将探头移动1～2m的距离重新探测。

由于故障测距和地面测量都存在误差，尤其在故障点较远或地形复杂时，误差可能会更大，而且极有可能超出估计的误差范围，所以在首先确定的20m的小范围内没有采到放电声音信号时，应在更大范围内继续寻找。如果在较大范围内还没有采到放电声音信号，应首先检查故障测距的结果是否正确，如果不能十分确定，要再次进行测距；如果故障电阻偏低，造成放电的声音信号过于微弱而不易探测，应尽量提高放电电压，或加大电容，再进行定点，移动探头时也要适当缩小每次移动的距离。

（2）判断故障点的远近　仪器采集到放电声音信号后，可以利用声磁时间差的数值来判断故障点的远近，如图6-8所示。

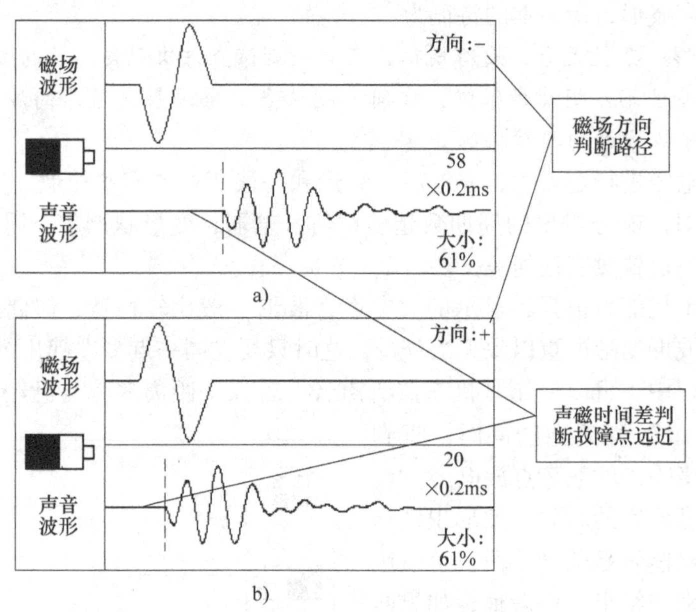

图6-8　声磁同步定点时磁场正负与声磁时间差的显示
a）负磁场离故障点较远　b）正磁场离故障点较近

仪器被磁场触发后，就开始记录声音信号，声音波形零点就是磁场触发的时刻。刚开始，声音信号还没有传到探头，声音波形比较平直，或仅有微弱的不规则噪声波形；放电产生的声音信号到来时，声音信号的特征波形开始出现。平直波形的长度代表了声磁时间差的长短。

采集到放电的声音信号波形后，光标可能在零点，也可能在其他位置，这时显示的时间值没有意义，需要使用 < 键和 > 键将光标移动到平直波形结束、放电的声音波形开始出现的位置，相应显示的时间值就是声磁时间差，即放电声音信号从故障点传到探头需要的时间。时间越长，离故障点的距离越远；时间越短，距离越近。

将探头沿电缆路径方向移动一段较小的距离，重新采样，如果测得的声磁时间差变小，说明这次与上次相比，靠近了故障点，反之说明远离了故障点。图6-8所示是声

磁探头在两个不同位置时的液晶显示，图 6-8a 所示的脉冲磁场为负、声磁时间差为 58 ×0. 2ms，图 6-8b 所示的脉冲磁场为正、声磁时间差为 20 ×0. 2ms，图 6-8b 所对应的探头位置更接近故障点。

重复上述过程，直至找到声磁时间差最小的点，其所对应的就是故障点的位置。

如果保持声音增益不变，还能够利用放电声音的强度不同来辅助定点。可以观察表示声音幅值的“大小”百分数，也可以用耳机监听，人工分辨声音强弱，声音最强的点一般就是故障点，不过也有特殊情况。这是传统的声测定点法，不易分辨、容易使人疲劳、而且精确度较低。

（3）暂停键的使用　在声音与磁场信号鉴别和测量过程中，如果认为当前波形比较典型，可按**暂停**键，防止再次触发，以便仔细观察分析。

在暂停状态下，液晶屏显示“暂停触发”闪烁文字，这时可按动<和>键来移动光标，确定声磁时间差的值。

要解除暂停状态，只需再按一次**暂停**键即可。

（4）注意事项　故障定点是故障查找最后的也是最关键的工作，由于现场比较复杂，定点工作可能比较漫长，但如果不是金属性短路故障、不是穿管敷设的电缆，故障点放电的声音一般都很大，如果还没找到故障点，可能是还没走到离故障点比较近的地方，所以定点时一定要有耐心和信心。

对于大面积进水的故障和穿管电缆的故障，放电时可能整个路径上都有响声，定点时一定要注意与测得的故障距离相结合，同时故障点处的放电声音会明显要大于其他地方。

第二部分 案例分析

对于不同电压等级的电缆，其故障的主要表现形式亦不相同，故障探测时所选择的方法也就会有一定的差别。本篇中通过大量的案例，总结介绍了多种类型故障的测试方法与探测经验。

第七章　高压电缆主绝缘故障测试案例

1. 高压电缆的基本情况与主绝缘故障的特点

1）这里的高压电缆指的是6kV及其以上等级的电缆，主要有6kV、10kV、35kV、66kV、110kV、220kV、500kV等各个等级。它一般有三芯统包型（简称三芯）和单芯分包型（简称单芯）两种形式，其中，单芯电缆又分为有金属护层和无金属护层两个类型，66kV及以上等级的单芯电缆一般都有金属护层，6kV、10kV、35kV等级的单芯电缆一般没有金属护层，而6kV等级的三芯电缆一般也没有金属护层。

2）高压电缆的绝缘层相对较厚，发生的主绝缘故障绝大多数都是高阻故障或闪络性故障。其中，在运行中发生的故障一般是开放性的高阻故障，而在试验时发现的故障有一部分是封闭性的闪络性故障。

3）高压电缆的敷设工艺要求比较高，特别是无金属护层的单芯电缆，一般要求穿PVC管敷设。虽然高压电缆多数有金属护层，不会像低压电缆那样易受到外力破坏，但因受外力破坏而发生的故障，在所有高压电缆的故障中所占的比例还是非常大的。

4）高压电缆接头的工艺要求也比较高。由于接头的绝缘材料和电缆本身绝缘材料的膨胀系数不完全相同，运行日久，电缆接头容易进潮气而发生故障。当然，接头故障的产生原因还有很多，这在第一章已经介绍。

5）根据大量的实际测试经验，无论多高电压等级的电缆，当其发生主绝缘故障后，用30kV的高压信号发生器，必要时配以足够电容量的电容器，一般都能使故障点击穿。对于一时不能击穿的闪络性故障，多做几次试验后，即能击穿。

2. 测试方法

（1）故障测距　由于高压电缆发生的主绝缘故障一般是高阻及闪络性故障，所以故障测距一般选择脉冲电流法或二次脉冲法。

（2）故障定点　由于高压电缆发生的主绝缘故障一般是高阻及闪络性故障，向电缆中施加高压脉冲使故障点放电时，故障点处一般会产生放电声音，所以，故障定点选择声磁同步法最为合适。

但在电缆穿管敷设时，由于部分放电声音被封到管内，在地面上有可能接收不到放电产生的声音信号，这时无法用声磁同步法定点。

同样，如果接收不到故障电缆产生的脉冲磁场信号，也无法用声磁同步法定点。例如：当电缆的故障点处穿铁管时，因脉冲磁场信号被铁管屏蔽，不能传播到地表上；在单芯电缆发生了封闭性故障和虽然发生了开放性故障但其故障点在比较干燥的PVC管内时，由于单芯电缆的线芯与金属护层同轴，通过两者的脉冲电流信号的大小基本相同，方向相反，产生的磁场相互抵消，所以在地面上也接收不到脉冲磁场信号。这种情况下，可以选择用声测法或其他可行的方法寻找故障点（如案例35所述）。

案例1　单相接地故障探测

一、故障线路情况描述及故障性质诊断

线路名址：上海漕6　　　　电压等级：10kV

绝缘类型：油浸纸绝缘　　　电缆全长：692.6m

如图7-1所示，电缆为直埋敷设，中间有五个接头。电缆在运行时发生故障，在变电站内用兆欧表测量绝缘电阻，A相为∞，B相为5kΩ，C相为∞，由此确定电缆发生了单相高阻接地故障。

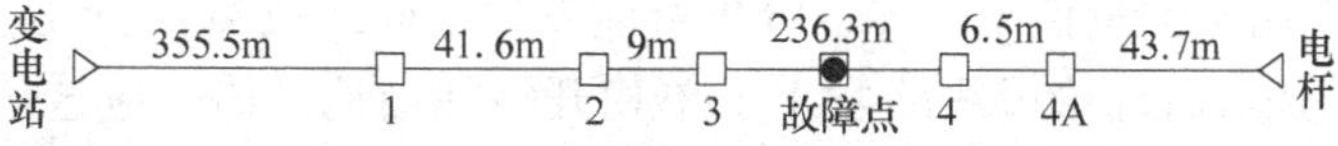

图7-1　电缆敷设示意图

二、测试仪器

组合式高压信号发生器、T-902电力电缆故障测距仪、T-502电缆故障定点仪、兆欧表、万用表等。

三、故障测距与定位过程

在变电站端，通过A、B相之间用低压脉冲法测试，调整波速度至162m/μs后，测得电缆全长为692m，如图7-2所示，跟资料相符。

在变电站端，通过B相和金属护层之间用脉冲电流法测试，测得图7-3所示的波形，故障距离为617m；核对资料得知故障点可能在4号中间接头附近，经过T-502故障定点仪声磁同步法定点，在3号至4号中间接头之间找到故障点。查其原因，发现故障点在电缆本体上，可能是电缆敷设时损伤，运行日久绝缘发生劣化，最后导致产

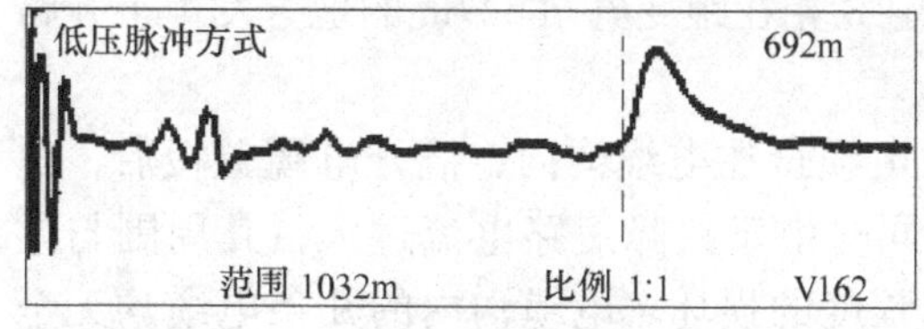

图7-2　A、B相间测电缆全长波形

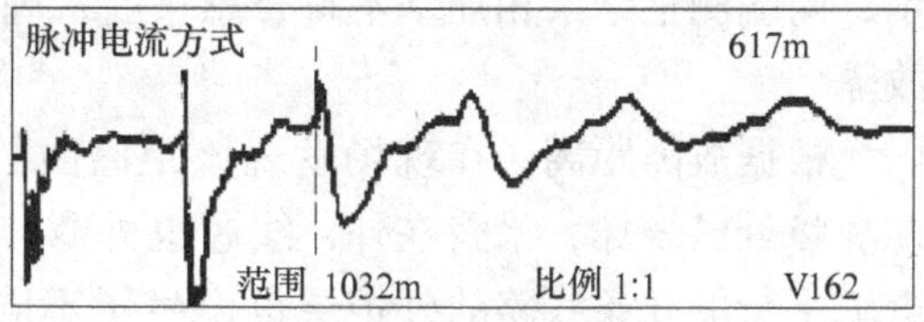

图7-3　电缆故障波形

测试体会：

刚开始对B相进行冲闪时，放电不充分，冲闪脉冲电流波形不典型，很难准确测距，分析原因，可能是由于故障点处有水气引起的。冲闪几次待故障点温度升高后，放电就充分了，脉冲电流波形也就容易分析了。

生接地故障。

案例2 单相开路故障探测

一、故障线路情况描述及故障性质诊断

线路名址：上海某雨水泵站　　　　电压等级：10kV

绝缘类型：XLPE 绝缘　　　　　　电缆全长：1360m

此线路经第一次跳闸修复后相隔 10 天又发生跳闸，用兆欧表测量 B 相对地绝缘电阻为 0，在泵站端用万用表测量 B 相对地绝缘电阻为 500Ω，在变电站测量 B 相对地绝缘电阻为 100Ω，两次测量值不一样，分析可能发生了断线故障，经过连续性测试确定为 B 相断线，于是最后确诊该线路发生了单相开路并接地故障，应选用低压脉冲法测量电缆的故障距离。电缆敷设情况如图 7-4 所示。

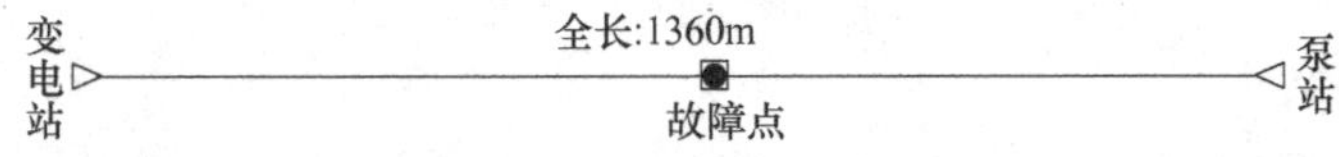

图 7-4　电缆敷设示意图

二、故障测试仪器

T-302 电缆测试高压信号发生器、T-903 电力电缆故障测距仪、兆欧表、万用表。

三、故障测距与定位过程

先在泵站端测，因电缆无金属护层，选择波速度为 170m/μs，用低压脉冲法通过良好线芯 A、C 两相之间测试电缆全长为 1360m，测得波形如图 7-5 所示，和资料基本相符。然后通过 A、B 相间用低压脉冲法测试，得故障距离为 540m，波形未记录。

再到变电站端，通过 A、B 相间测试，得故障距离为 827m，测得波形如图 7-6 所示，两端测量结果相加基本符合总长度，确定 B 相在距变电站 827m 的地方发生了开路故障。

根据故障距离，在现场发现该距离内的电缆全在电缆沟内，撬开电缆盖板后，电缆故障处已烧坏，暴露在外，线芯也外露。同时由于故障短路电流过大，其周围与该电缆平行的几条线路的外护层也产生了不同程度的损坏。电缆沟内的几条电缆均无金

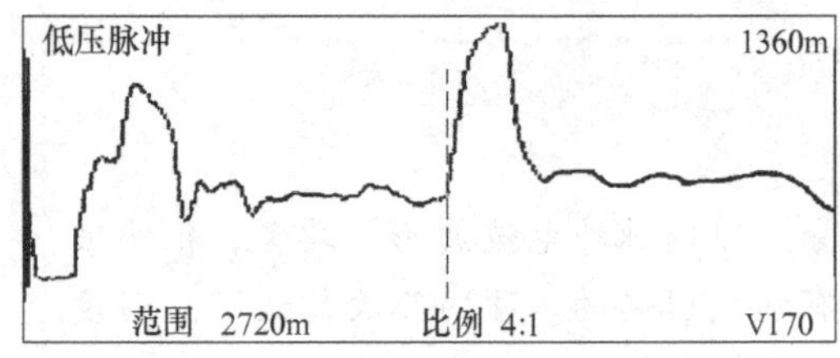

图 7-5　电缆全长波形图

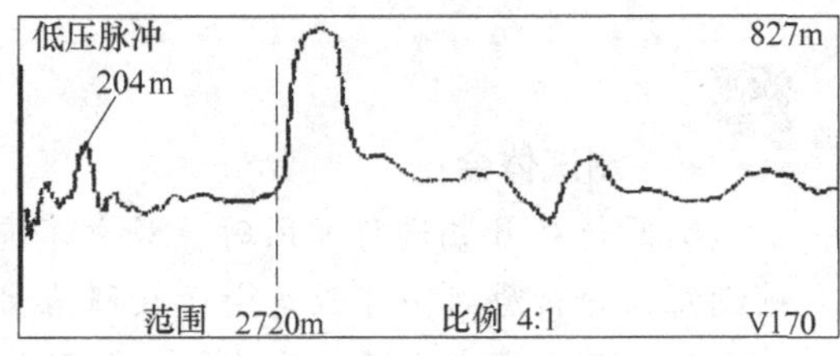

图 7-6　在变电站测得的故障波形

属护层，而且是直接搁在电缆托梁上的，托梁与电缆之间没有垫任何绝缘材料，故障点正好处在托梁位置上，电缆沟内油污化学腐蚀严重，电缆的外绝缘护层已经严重腐蚀，使电缆的绝缘性能下降。

测试体会：

不管什么电缆，在电缆沟内敷设时，特别是搁在支架上敷设时，电缆下要放绝缘衬层，不能直接放在铁支架上，否则日久受到重压后再加上腐蚀作用，很快会使外表绝缘损伤，从而引起故障。

案例3　多相开路故障探测

一、故障线路情况描述及故障性质诊断

线路名称：上海大叶公路　　　电压等级：10kV

绝缘类型：XLPE 绝缘　　　　电缆全长：546m

电缆敷设示意图如图 7-7 所示。线路在运行中发生跳闸，又经过多次合闸不成功，运行中断。拆除电缆两端终端头与其他设备的连接后，在 3B3 端，用数字式兆欧表对电缆线路绝缘情况进行测量，A 相对地绝缘电阻为 300kΩ，B 相对地绝缘电阻为∞，C 相对地绝缘电阻为 120kΩ。将 3B2 端三相短路并接地后，经测试发现电缆不连续，最后判断电缆发生了 B 相纯开路，同时 A、C 两相开路并高阻接地故障，选用低压脉冲法测试故障距离，也可选用脉冲电流法测距。

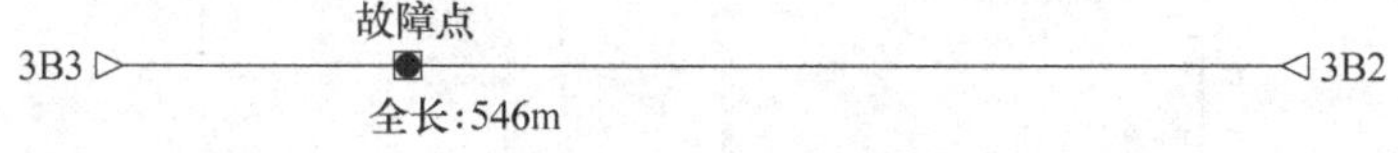

图 7-7　电缆敷设示意图

二、故障测试仪器

T-301 电缆测试高压信号发生器、T-903 电力电缆故障测距仪、T-503 电缆故障定点仪、T—601 电缆测试音频信号发生器、兆欧表、万用表等。

三、故障测距与定位过程

在 3B3 端用低压脉冲法通过 B 相对金属护层进行测量，得开路距离为 138m，波形如图 7-8 所示，对其他两相测试，波形相似（未记录）。

用脉冲电流冲闪法，分别通过 A、C 相对金属护层之间施加高压脉冲进行测试，得图 7-9、图 7-10 所示波形，确定故障点在距离 3B3 端 138m 的地方。其中通过 A 相对金属护层测试时，把放电延时做了适当调整。

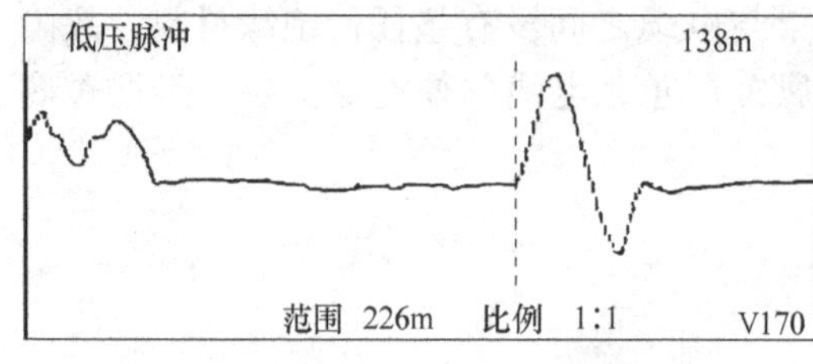

图 7-8　B 相对金属护层所测故障波形

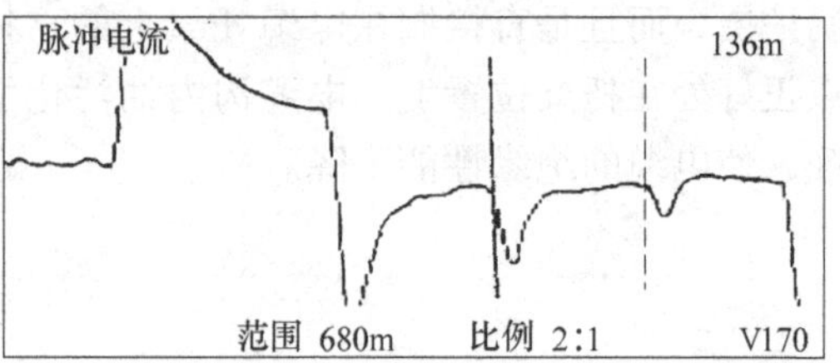

图 7-9　A 相对金属护层所测故障波形

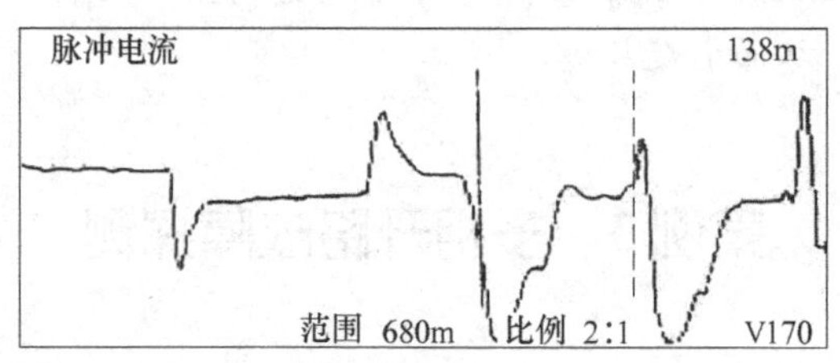

图 7-10　C 相对金属护层所测故障波形

依据用户提供的资料，全长可能为 400m 左右，于是根据目测在地面上离 3B3 端三分之一的地段处，进行故障定点，花费了很长时间，也未找出故障点，并且连电缆埋在何处也没找到；最后了解到电缆由于环境条件限制（电缆敷设在高速公路的桥墩附近），是 S 形敷设，不是直线敷设，实际离 3B3 端的距离和目测的距离差别很大。

又到 3B2 端，用低压脉冲法通过 C 相对金属护层进行测量，得图 7-11 所示波形，测得距离为 408m，但从波形上看，该点反射并不像是完全开路。两段相加得总长度应为 546m。

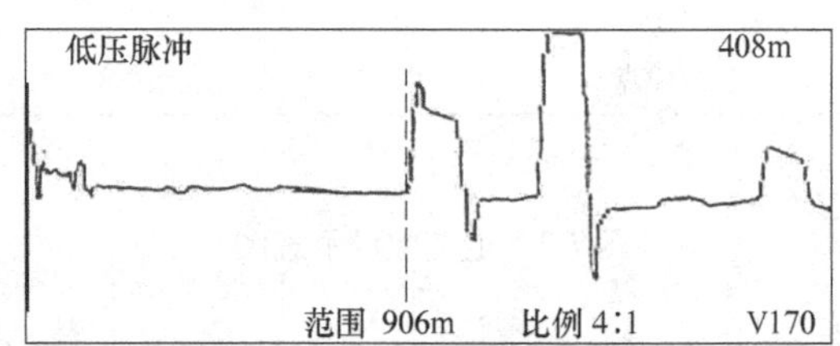

图 7-11　在 3B2 端 C 相对金属护层所测故障波形

回到 3B3 端，对电缆进行周期性的冲闪放电，选用 T-503 声磁同步定点仪，对电缆进行故障定点和路径查找，根据磁场波形的正负显示，寻找电缆的路径，使定点人员不偏离电缆，同时根据声音波形寻找故障点，很快在距 3B3 端 130 多米的地方找到了声磁时间差最小的点，用耳朵也可以清楚的听到放电声音，确定该处为故障点。对该点目测，此处距 3B3 端的直线距离只有 70m 左右。

挖开后发现，故障点处是一中间接头，接头盒已破裂进水，C 相线芯并没有完全断裂。锯断后，又向两端进行绝缘测试，三相绝缘电阻均为∞，至此故障找到，进行了修复。

测试体会：

1. 对于走向不明的故障电缆，首先要查找到电缆的路径，然后沿路径进行故障定点，如果盲目地去定点，偏离了路径是肯定找不到故障点的。

2. 声磁同步定点仪具有在定点的同时同步寻找电缆路径的功能，保证了测试人员不偏离电缆，给快速精确地找到故障点带来了方便。

3. 对于完全开路的故障，可进行两端测试，把测试结果相加后，看是否等于全长，否则就有其他故障点存在的可能。

案例4　近端开路故障探测

一、故障线路情况描述及故障性质诊断

线路名址：深圳南山区　　　　电压等级：10 kV

绝缘类型：XLPE 绝缘　　　　电缆全长：950m

电缆为10kV供电备用电缆，在电缆沟内敷设，中间有一个接头。在做试验时，发现电缆存在高阻接地故障。检修人员在现场用故障测试设备测试后，回答说测不到全长，并且脉冲电流波形也看不太懂，要求技术支持。

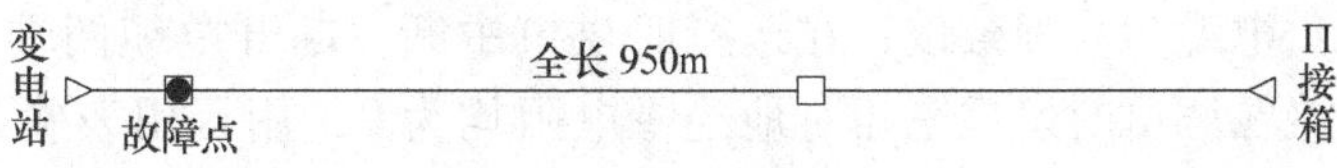

图 7-12　电缆敷设示意图

电缆故障测试专业技术人员到达现场后，用兆欧表测试三相对地绝缘电阻为：A相对地350MΩ、B相对地50MΩ、C相对地300MΩ，没有进行电缆连续性试验，确诊电缆发生了多相对地高阻故障。电缆敷设情况如图7-12所示。

二、故障测试仪器

T-903 电力电缆故障测距仪、2500V 兆欧表等。

三、故障测距与定位过程

用T-903的低压脉冲法，通过A相对金属护层测试，得图7-13所示波形，通过B、C相对金属护层测试，波形完全一样，分析后认为电缆在16m处开路。再重新用万用表测试电缆的连续性，确认电缆确实断线了。

到16m处打开电缆沟盖板，发现电缆被锯断，为开路故障。

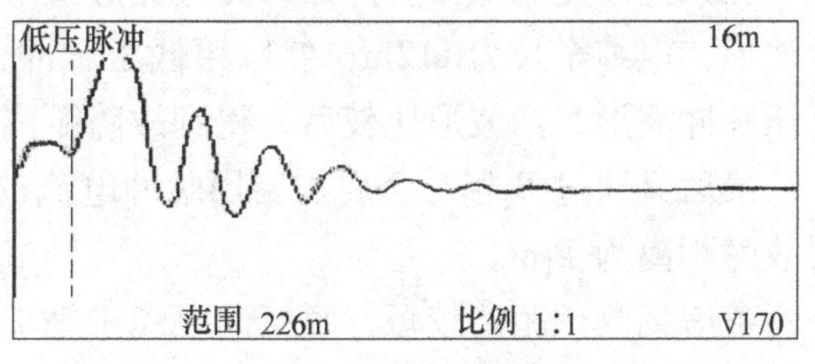

图 7-13　电缆故障波形

测试体会：

检修人员用低压脉冲法测试时，由于仪器的增益可能调得有点大，没有看出近距离的开路波形。而用脉冲电流法测试时，由于不会识别近距离故障波形，同时又因电阻太高，以为很难测。

实际上，如果能遵循测试步骤，进行电缆的连续性试验，就能及早知道电缆的开路现象，测试时就会少走弯路。

（感谢深圳供电公司谭波先生提供本案例）

案例5　近距离短路故障探测

一、故障线路情况描述及故障性质诊断

线路名址：上海某家具厂　　　　电压等级：10kV

绝缘类型：油浸纸绝缘　　　　电缆全长：111.4m

电缆为直埋敷设，在运行时供电中断。断开电缆两端同其他设备的连接，对其进行绝缘测试时发现三相对地绝缘电阻均为0，用万用表确认：A相对地为100Ω、B相对地为200Ω、C相对地为∞，确诊电缆发生了多相低阻接地故障。电缆敷设情况如图7-14所示。

决定选用低压脉冲比较法测试故障距离，然后用脉冲电流法验证。

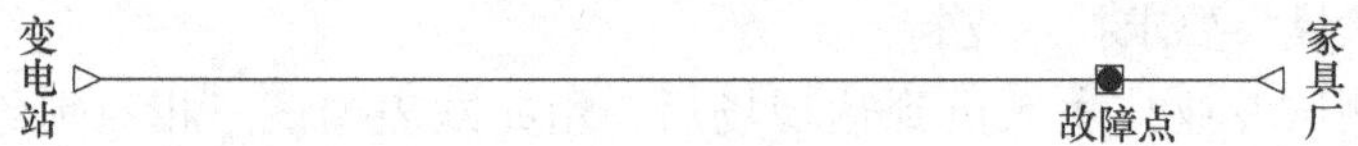

图7-14　电缆敷设示意图

二、故障测试仪器

组合式高压信号发生器、T-902电力电缆故障测距仪、兆欧表、万用表、听音器等。

三、故障测距与定位过程

在家具厂先用低压脉冲法，通过完好C相对金属护层进行全长测量，得图7-15所示波形，电缆全长为112m；然后用低压脉冲比较法，分别测试B、C相对金属护层的低压脉冲波形，两波形比较后，得到故障距离为41m（波形未记录）。

最后又通过B相对金属护层用脉冲电流的冲闪法测距，得到图7-16所示波形，测得故障距离为44m。

考虑到测试距离较短，直接向电缆中施加20kV左右的直流冲击电压，使故障点放电，沿电缆路径在距离家具厂40多米处用听音器进行定点，由于故障点的放电声比较

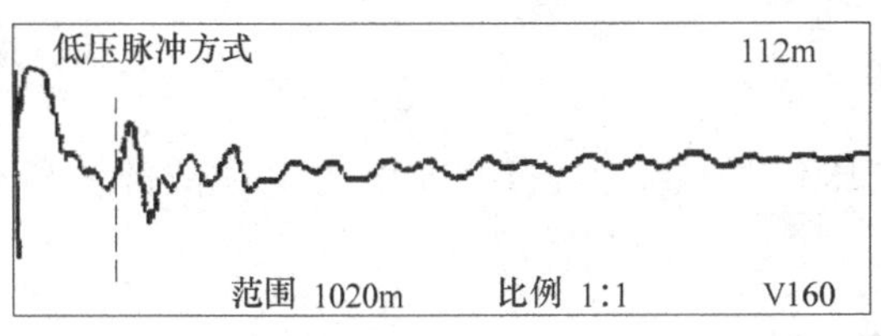

图 7-15　电缆全长波形

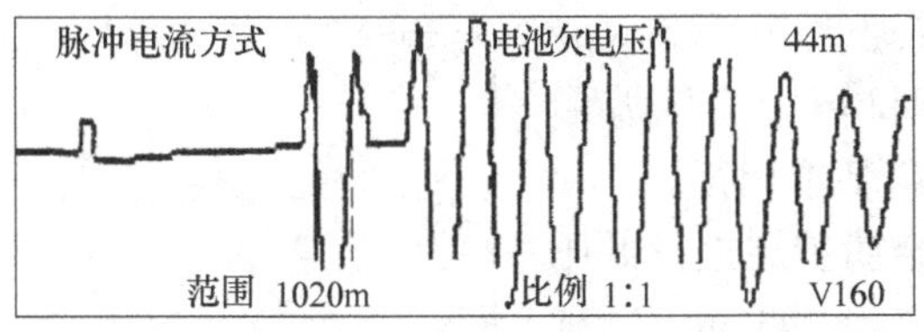

图 7-16　电缆故障波形

大，地面振动也大，很快找到故障点。挖开后，发现电缆曾受到过外力损伤，在电缆本体的外护层上有破损现象，日久受潮，绝缘产生变化引起故障。

测试体会：

对近距离故障测试时，脉冲电流波形比较乱，虚光标的位置不太容易定。但用脉冲电流法测试此故障的目的，只是为了验证低压脉冲法测试结果的可信度。在这种低压脉冲法能测出故障距离的情况下，脉冲电流只作验证用，故障距离应以低压脉冲测试的距离为准。

案例 6　水下敷设电缆短路接地故障探测

一、故障线路情况描述及故障性质诊断

线路名址：胜利油田海底供电电缆　　电压等级：35kV

绝缘类型：XLPE 绝缘　　电缆全长：10426m

电缆敷设示意图如图 7-17 所示。此电缆为 35kV 水下敷设的电缆，接头较多，但资料中没有标明具体位置。电缆在运行中发生停电事故，在两端将电缆终端头同其他设备断开后，在变电站内用兆欧表、万用表测量线芯对地的绝缘电阻为：A、C 两相为∞，B 相的接地电阻为 20Ω，确诊电缆发生了单相短路接地故障，选择用低压脉冲法测试故障距离。

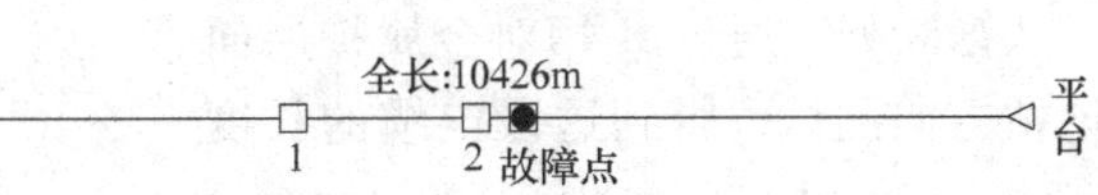

图 7-17　电缆敷设示意图

二、故障测试仪器

T-302 电缆测试高压信号放生器、T-903 电力电缆故障测距仪、兆欧表、万用表等。

三、故障测距与定位过程

首先在变电站内，用低压脉冲法通过 C 相对金属护层进行全长测量，并根据资料校对波速度，调整波速度至 173m/μs 时，得电缆全长为 10426m，测试波形如图 7-18 所示，和资料基本相符。

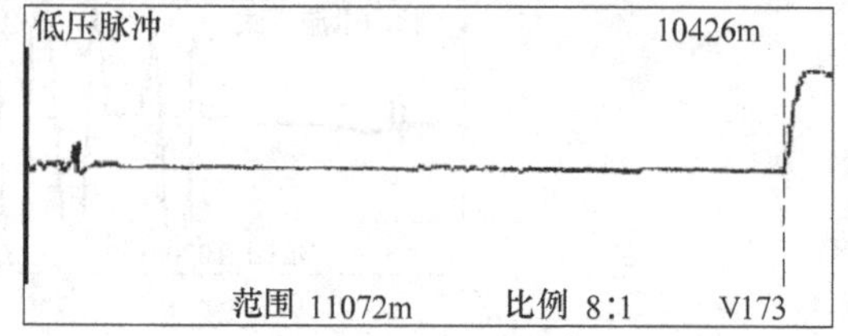

图 7-18 电缆全长波形

然后通过 B 相对金属护层进行低压脉冲测量，得故障距离为 4936m，测试波形如图 7-19 所示。将 B、C 相分别对金属护层测试的波形进行比较后，确定故障点的距离为 4936m，测试波形如图 7-20 所示，从图中可以看出，测试时两个波形增益调节的不一样。

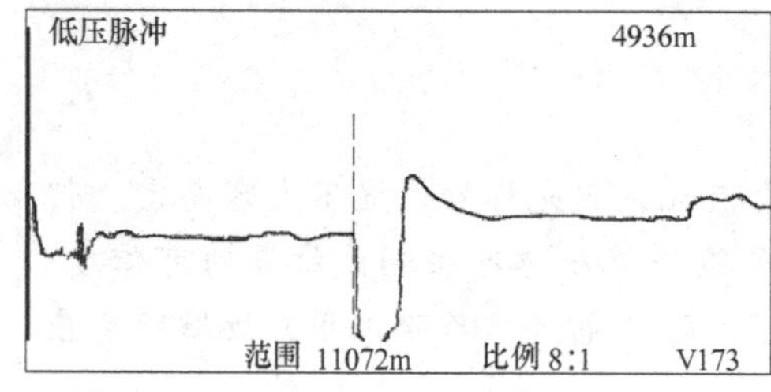

图 7-19 B 相对金属护层所测故障波形

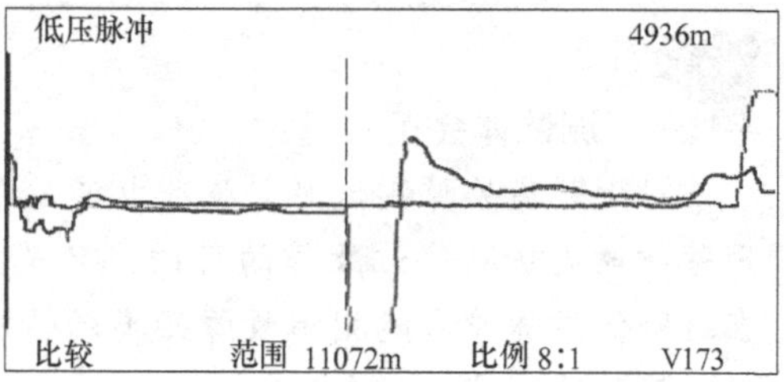

图 7-20 低压脉冲比较波形

根据资料描述在 4900m 附近有中间头，测试人员讨论后认为故障可能是中间头故障。然后到 4900m 附近将电缆从水中捞起，找到一个接头，外表看不到任何损坏，认为故障肯定离此不远，但在哪个方向上不知道，为减少测量时间，也为减少接头数量，于是决定把该接头锯开。

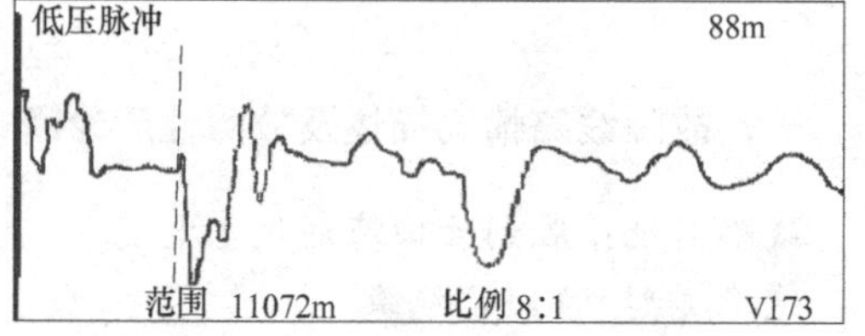

图 7-21 在锯断处向平台方向所测故障波形

从锯断处，通过 B 相对金属护层向变电站方向测试，得到这段电缆的长度为 4850m，向平台方向测试，得故障距离为 88m，测试波形如图 7-21 所示；然后又继续向平台方向打捞，在离锯断处 80m 的地方将 2 号中间接头打捞上来，未发现故障点，继续向前打捞，在过 2 号接头 7.7m 处发现故障损坏点，钢丝铠装已断裂，电缆上有一 3cm × 4cm 的小洞。锯断后对两端电缆线路进行了直流耐压试验，确定合格后，换了一段电缆，做了两个接头，恢复送电。

测试体会：

对于水下电缆，一旦出现故障，应立即进行维修，以防时间过长，水分浸入，引起线芯受潮。锯断电缆后要进行去潮、耐压试验等工作，确保电缆绝缘合格后方能做中间接头，以避免全线贯通后，再给运行带来麻烦。

案例7　典型接头故障探测

一、故障线路情况描述及故障性质诊断

线路名址：齐鲁石化储运公司　　　　电压等级：10kV

绝缘类型：XLPE 绝缘　　　　　　　　电缆全长：1730m

此线路在做试验时发现C相泄漏很严重，然后检修人员自己先通过高压信号发生器向电缆中施加脉冲电压，用脉冲电流方式测试了一段时间，由于对设备不熟悉，没有找到故障点。

专业电缆故障测试技术人员到达现场后，先用兆欧表测试三相对地绝缘电阻为：A、B相对地∞、C相对地10MΩ，诊断此电缆发生了单相高阻接地故障，选择用脉冲电流法测距。同时通过资料获知电缆全长1730m，分别在158m、418m和1250m处有接头，其他处至少还有一个接头，但地点不明。电缆敷设情况如图7-22所示。

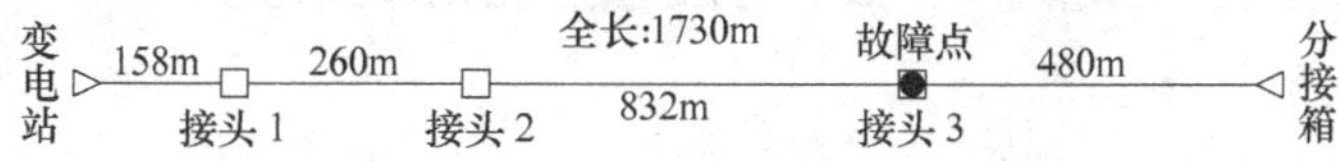

图7-22　电缆敷设示意图

二、故障测试仪器

T-302电缆测试高压信号发生器、T-903电力电缆故障测距仪、2500V兆欧表等。

三、故障测距与定位过程

在变电站内，选择172m/μs的波速度，通过A相对金属护层，用低压脉冲法测得电缆全长为1731m，测试波形如图7-23所示，同时测得1250m处有一接头，波形如图7-24所示。在158m与418m处，接头波形也十分明显，波形图没有记录。

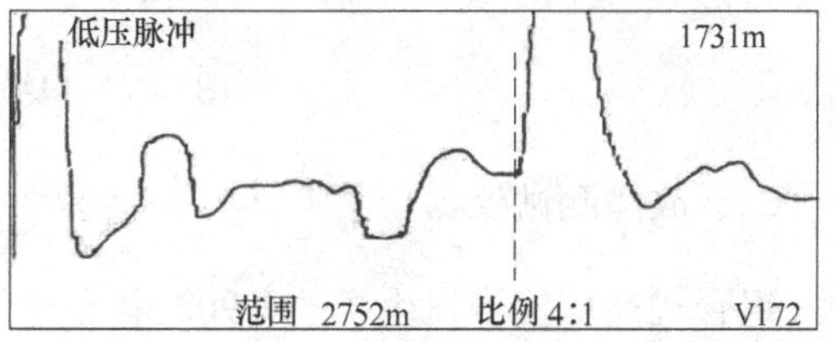

图7-23　电缆全长波形

通过高压信号发生器向C相和金属护层之间施加高压脉冲信号，用脉冲电

流法测得故障距离为1238m，测试波形如图7-25所示。

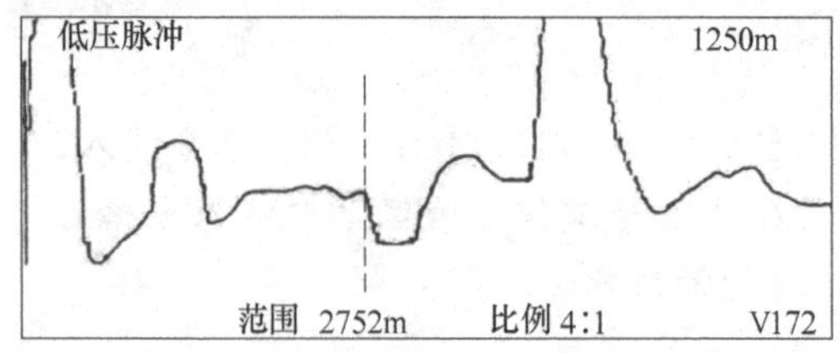

图7-24 电缆接头波形

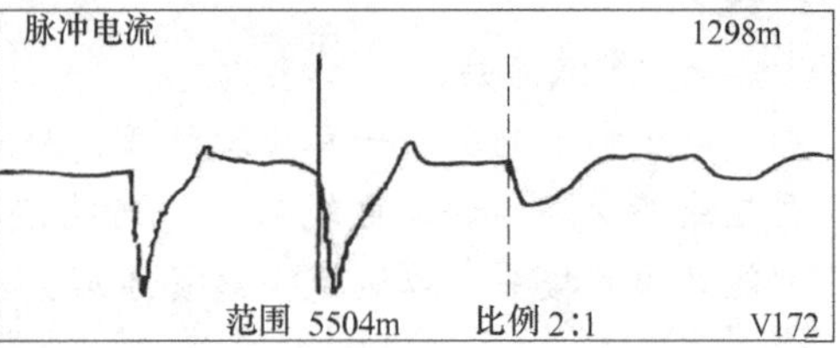

图7-25 脉冲电流法测试故障波形

因1238m处和1250m处的接头距离差不多，而用脉冲电流法测试时选择的范围较大，为5504m的范围，在这个范围时，每移动一个光标，所代表的距离为16m，测得距离的误差可能较大。综合分析后，认为故障点应该在1250m的接头处。到该处巡查后发现，该接头在电缆井内，在离电缆井几米外的地方就能听到电缆井内放电的声音，于是确定为接头故障。重做接头后，恢复供电。

测试体会：

这是一个典型的接头故障测试案例。在测得的故障距离和接头距离差不多时，应首先考虑该接头，如果知道接头的具体位置，可以直接到该接头处去定点，这样可以减少工作时间。

案例8 封闭性接头故障探测

一、故障线路情况描述及故障性质诊断

线路名址：上海翟18　　　　　电压等级：10kV

绝缘类型：油浸纸绝缘　　　　电缆全长：1747.8m

此线路在进行预防性试验时，A、C相50kV/5min直流耐压合格，而B相直流耐压试验电压升至40 kV时发生闪络放电，诊断此电缆线路发生了单相对地闪络性故障。电缆敷设情况如图7-26所示。

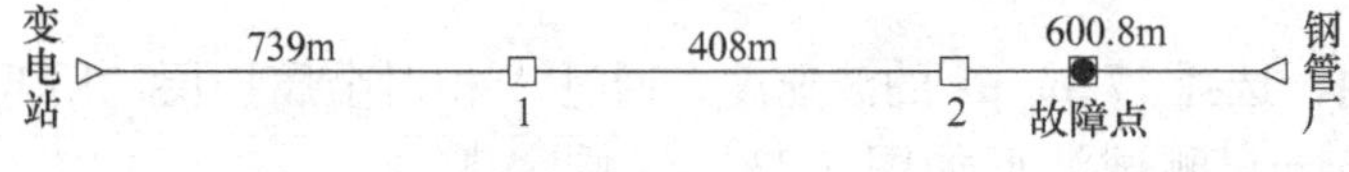

图7-26 电缆敷设示意图

二、故障测试仪器

组合式高压信号发生器、T-902电力电缆故障测距仪、直流电桥、听音器、兆欧表、万用表等。

三、故障测距与定位过程

在钢管厂端，通过完好B、C两相间，用低压脉冲法测得图7-27所示波形，根据电缆实际全长调整波速为155m/μs。

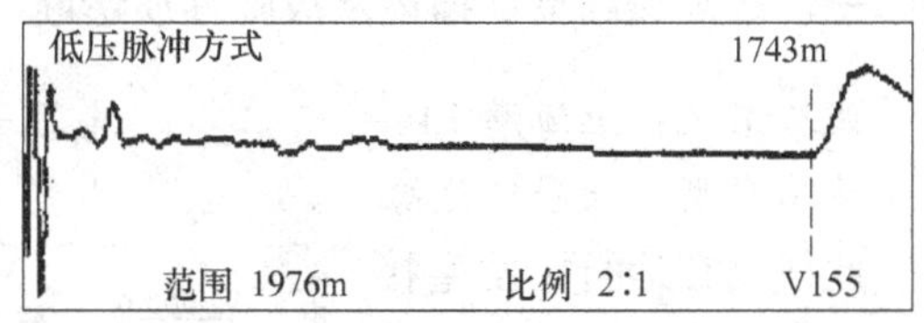

图7-27 电缆全长波形

再通过B相和金属护层之间用脉冲电流直闪法进行测试，虽然B相对金属护层之间为闪络性故障，但刚开始时的几次放电，测距仪没有记录下波形，经多次直闪放电后改为冲闪法测试，得到图7-28所示波形，测得故障距离为317m；此时再重新测量B相绝缘电阻，B相对地绝缘电阻已降为20kΩ。在变电站端，将电缆线芯A、B相短路，从钢管厂端用直流电桥测试，通过公式计算得到故障距离为：

正接法：0.089×2×1747.8m≈311.1m

反接法：(1－0.91) ×2×1747.8m≈314.6m

电桥测距后再用脉冲电流冲闪法进行测试，得到图7-29所示波形，故障距离为317m。综合分析后，确定故障点应该在距离钢管厂310多米的地方。

由于该条线路大部分直埋在水泥地坪下面，声音振动范围在地面上比较大，用声测法不太容易确定故障点的精确位置，根据用户提供的资料，电缆在此位置曾经受到过损伤做过一个中间接头，于是将接头挖出，发现在接头内出现放电声音，诊断为封闭性接头故障（未将接头解剖）。

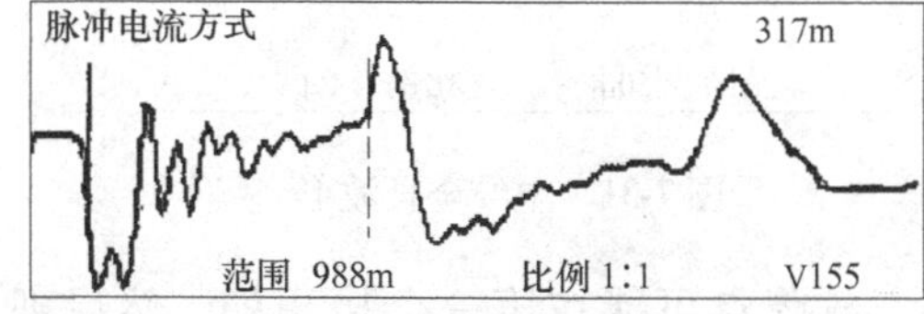

图7-28 脉冲电流法测试故障波形

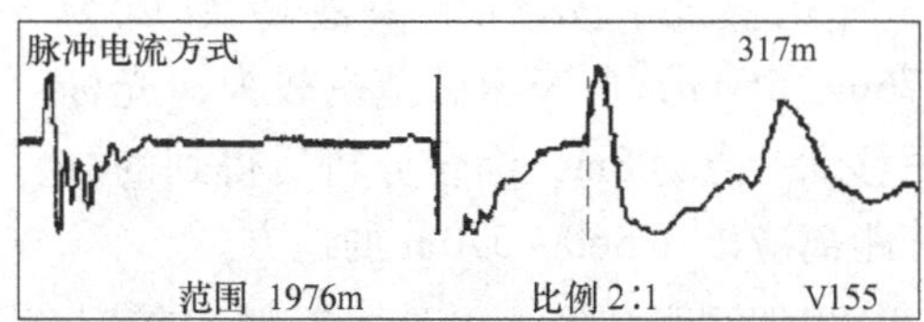

图7-29 脉冲电流法测试故障波形

测试体会：

1. 用声测法定点时，是通过听音器判断声音大小来确定故障点精确位置的，声音振动信号在水泥地坪上传播的范围较大，找出最响一点的位置比较困难，如果用T-502的声磁同步法定点，就不会出现这种情况了，但当时没带这种设备。

2. 在测量时可采用多种方法综合测距，相互验证，以确保得到正确故障点距离，减小定点范围。

案例9　放电声音变化比较大的接头故障探测

一、故障线路情况描述及故障性质诊断

线路名址：上海漕14　　　　　　电压等级：10kV

绝缘类型：油浸纸绝缘　　　　　电缆全长：2628.5m

此线路在运行中发生接地故障，用兆欧表测试三相对地都为0，改用万用表测试，得各相绝缘电阻为：A相对地50 kΩ、B相对地20kΩ、C相对地10kΩ，诊断此电缆发生了多相高阻接地故障。电缆敷设情况如图7-30所示。

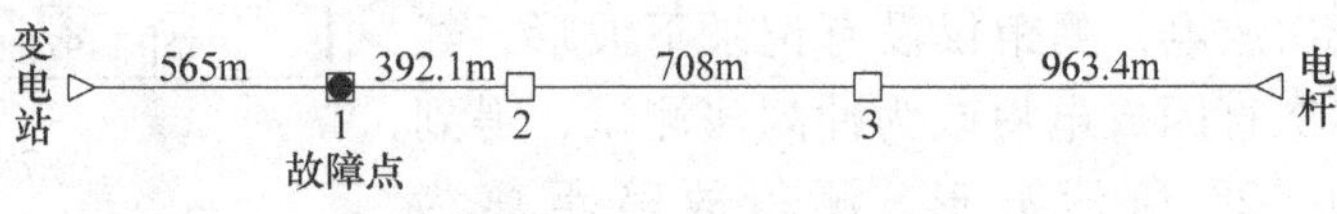

图7-30　电缆敷设示意图

二、故障测试仪器

组合式高压信号发生器、T-902电力电缆故障测距仪、兆欧表、万用表、听音器等。

三、故障测距与定位过程

首先在变电站端，用T-902的低压脉冲法对接地电阻较大的A相进行全长测量，得图7-31所示波形，调整波速度至151m/μs，测得全长为2627m，和资料相符。

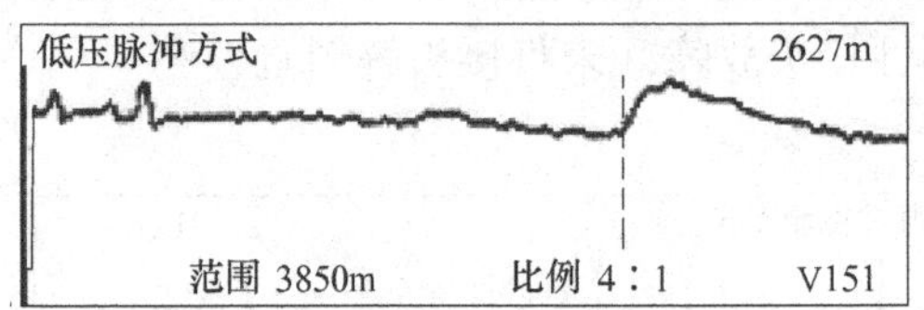

图7-31　电缆全长波形

通过B、C相进行脉冲电流冲闪法测试，多次冲击闪络后，得图7-32、图7-33所示波形，分别测得故障距离为576m、560m，由于测试范围较大，光标每移动一点为8m，综合分析后得到的故障距离应该在560～570m的地方。

根据测距结果，和图样资料比较时发现，故障点可能在第一个接头处。然后到570m左右的地方，用声测法定点，在定点过程中放电电流时大时小，放电声音也时轻时重，用听音器辨别比较费力，经过几人的共同努力，最后定下故障点位置。挖开发现确为中间接头，解剖后发现由于中间接头搪铅处密封不良，电缆受潮而击穿损坏，部位在三相线芯统包处，铅包涨开口近分叉附近。

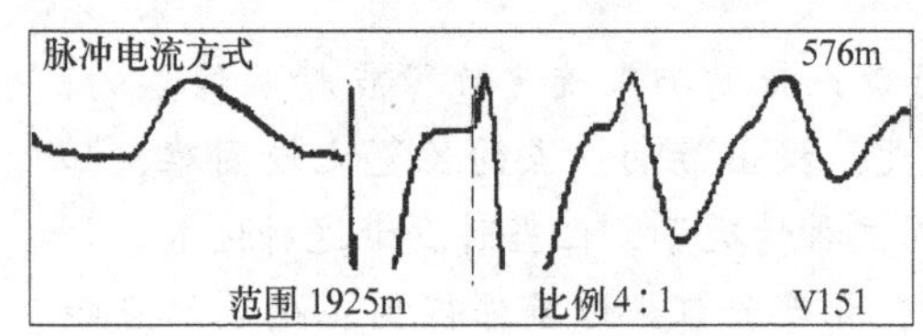

图7-32　电缆故障波形

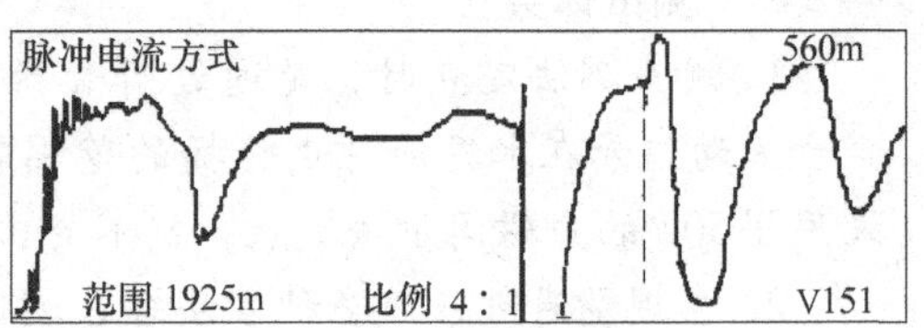

图7-33　电缆故障波形

测试体会：

同一个故障点，每次放电声音的大小不一定都一样，用通过耳朵监听声音大小的声测定点法定点相对不易，需要有丰富的经验。

案例 10　中间接头进水多的电缆故障探测

一、故障线路情况描述及故障性质诊断

线路名址：苏州工业园区供电电缆　　　　电压等级：10kV

绝缘类型：XLPE 绝缘　　　　　　　　　电缆全长：1200m

此线路在做耐压试验时发生单相对地击穿放电故障，在站内用兆欧表测量绝缘电阻：A 相对地为 0.1 MΩ，B、C 相对地为∞，应选用脉冲电流法测试电缆的故障距离。电缆敷设情况如图 7-34 所示。

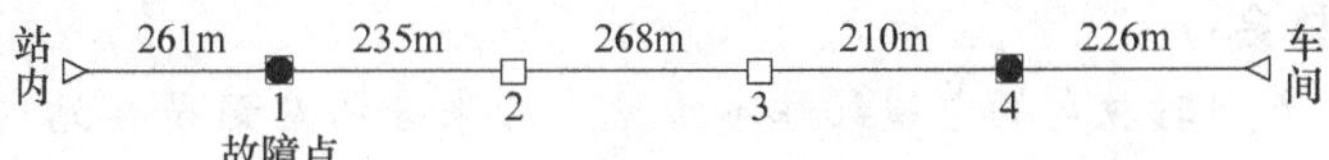

图 7-34　电缆敷设示意图

二、故障测试仪器

T-902 电力电缆故障测距仪、T-502 电缆故障定点仪、T-301 电缆测试高压信号发生器、兆欧表、万用表等。

三、故障测距与定位过程

因是单相高阻接地故障，在站内先用 A 相对金属护层测试电缆全长，发现显示出两个正脉冲反射波形，如图 7-35 所示，其中 A 点 261m 处的反射是 1 号接头，B 点 974m 处的反射是 4 号接头；用良好 C 相对金属护层测试电缆的全长时，这两处也有接头反射，但反射幅值很小，根据资料记录的全长，调整波速度为 174m/μs。根据经验，判断电缆在 1 号、4 号接头处可能有问题。

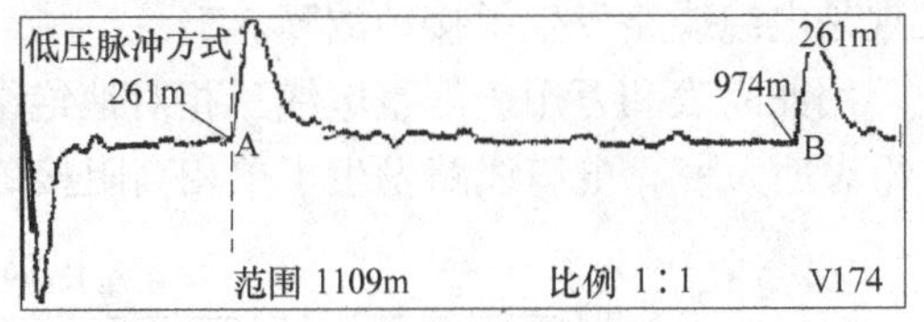

图 7-35　电缆接头波形

在 A 相和金属护层之间施加高压脉冲，用脉冲电流冲闪法测试故障距离，当升高电压至 15kV 时，虽然 T-301 的电压表指针摆动比较大，表明故障点已经放电，但得到的脉冲电流波形非常乱，不好分析，怀疑可能不是一个点在放电。一条电缆上两点故障同时放电的情况比较少，由于波形比较乱，现场没有打印下来。

用T-502到1号和4号接头处定点时发现，1号接头处有放电声音但声音很小，4号接头处放电声音比较大。分析后，测试人员一致认为1号和4号接头都出现了问题，应先打开其中一个接头后再测试。考虑到1号接头附近无工作电源，于是决定先将4号接头挖出。挖出4号接头后发现，接头材料很差，外壳是铁皮盒，接头内部无绝缘填充剂也无防水材料，接头内部已经进水。

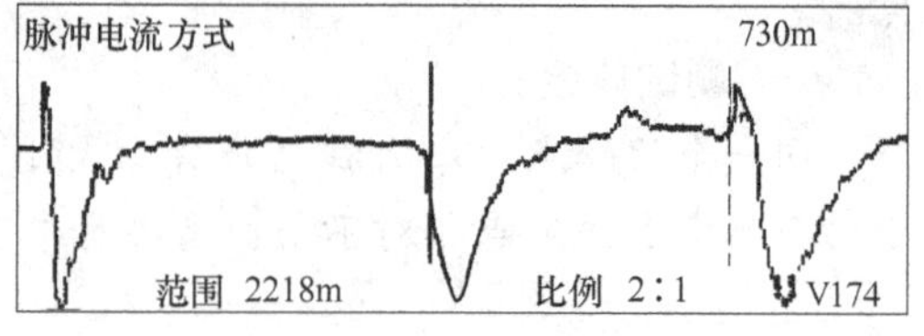

图7-36 电缆故障波形

把4号接头锯掉后，再用脉冲电流法从锯断处（4号接头）向站内方向进行冲闪测试，得到图7-36所示波形，故障距离为730m。从这个距离看，第二个故障点应该在1号接头处。

到1号接头处再去定点，发现此时该处放电的声音很大，挖开后情况同4号接头一样，内部有水，绝缘已被烧坏，锯断后重新制作接头并进行直流耐压试验合格后，投入运行。

测试体会：

1. 这种两点同时放电的电缆故障不常见，后来分析应该是在站内对A相冲闪时，1号接头击穿不完全，高压信号越过1号接头到达4号接头后，使4号接头放电。

2. 当测距点在接头附近时，可先到接头位置上定点，当不能确定故障点在接头处时，可先把电缆在接头处锯断后，再向两端进行测量。

案例11 接头反射不明显的故障探测

一、故障线路情况描述及故障性质诊断

线路名址：上海制皂厂　　　电压等级：10kV

绝缘类型：油浸纸绝缘　　　电缆全长：494m

供电线路在运行中跳闸后停电，将电缆终端头与两端设备分开后，用兆欧表测量，发现是电缆线路发生了接地故障。

用兆欧表和万用表测量电缆三相对地绝缘电阻，A相对地为∞，B相对地为12kΩ，C相对地为∞，电缆线路发生了单相高阻接地故障。电缆敷设情况如图7-37所示。

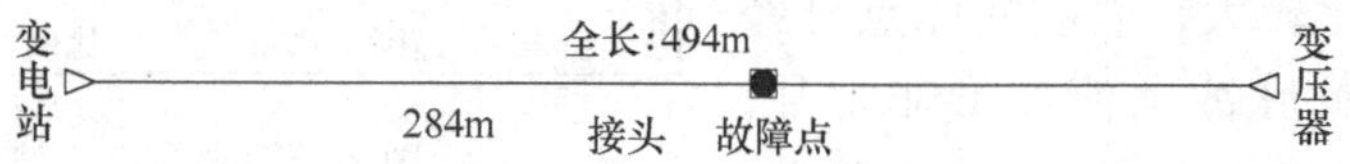

图7-37 电缆敷设示意图

二、故障测试仪器

T-301 电缆测试高压信号发生器、T-903 电力电缆故障测距仪、T-503 电缆故障定点仪、兆欧表、万用表等。

三、故障测距与定位过程

依据用户提供的资料，全长大概 500m 左右。用低压脉冲法在变电站内通过 A 相对金属护层进行测试，选择波速度为 160m/μs 时，测得图 7-38 所示波形，得电缆全长为 494m。从图 7-38 所示的波形上可以看到，在 A 点上出现一个小正反射，距离是 284m 左右，查资料得知此为中间接头。

在变电站端，通过向 B 相和金属护层之间施加高压脉冲信号，用脉冲电流法测试，得图 7-39 所示波形，故障距离为 284m。测试时，仪器的增益调的有点大，但测得的波形还是比较容易理解的。

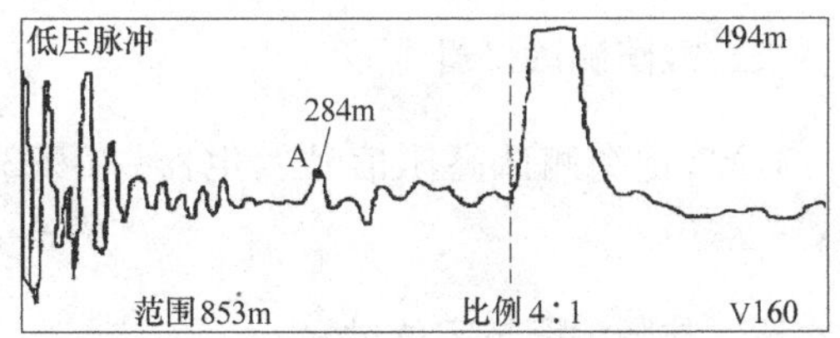

图 7-38　电缆全长波形

直接携带 T-503 到 280 多米的接头处去定点，在地面上能很清楚地听到放电声，挖出电缆中间接头后发现，接头盒已烧穿并形成约 3cm × 4cm 一个洞。

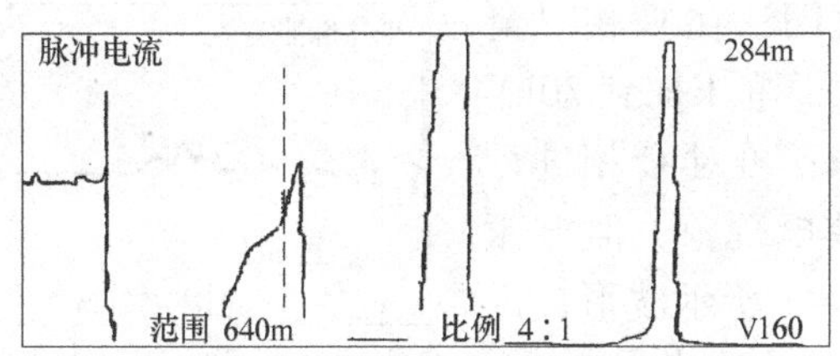

图 7-39　电缆故障波形

测试体会：

在分析波形时，不要放过每一个反射脉冲，把测定的反射脉冲的位置和图样资料查对一下，看是否是接头故障。一般来说，接头在整条电缆中是相对薄弱的环节。

案例 12　高阻不易击穿的接头故障探测

一、故障线路情况描述及故障性质诊断

线路名址：上海北叶公路　　　　电压等级：10kV

绝缘类型：XLPE 绝缘　　　　全长：1473m

该电缆是在电缆沟内敷设的，运行中发生跳闸停电事故，用户根据以往经验先沿线路查询中间接头，结果发现在一个中间接头附近有烧焦气味，打开盖板后，发觉中间接头已烧坏，重新敷设十几米电缆进行更换后，做电缆的预防性试验时，发现电压升至 30kV 时 C 相泄漏仍很大。电缆敷设情况如图 7-40 所示。

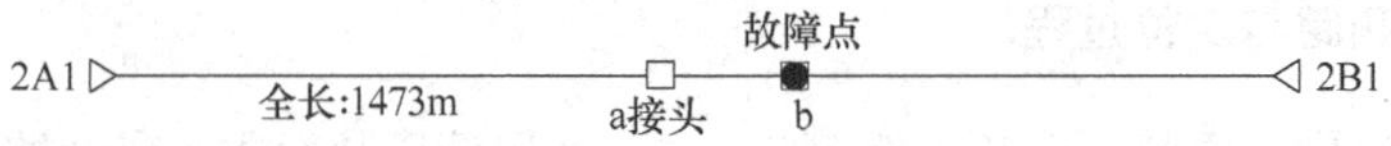

图 7-40　电缆敷设示意图

经用兆欧表测量 C 相对地绝缘电阻为 71MΩ，A、B 相对地均为∞。判断为电缆发生了单相高阻接地故障。

二、故障测试仪器

T-302 电缆测试高压信号发生器、T-903 电力电缆故障测距仪、兆欧表、万用表等。

三、故障测距与定位过程

在 2A1 处用低压脉冲法通过 A 相对金属护层测得电缆全长为 1473m，测试波形如图 7-41 所示，和资料相符。

然后用脉冲电流直闪法在 C 相对金属护层之间加直流电压，电压加到 30kV 时，电缆没有放电现象；再对 C 相进行冲闪测试，偶尔出现放电现象，但电压表摆动很小，得到图 7-42 所示波形，说明故障电阻很高，尚未完全击穿。

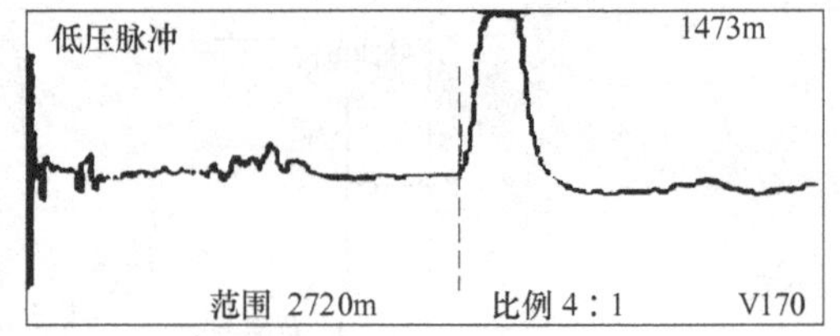

图 7-41　电缆全长波形

据了解，该电缆为交联聚乙烯绝缘电缆，但护层却是铅包材料，密封性很强，不易受到外力损坏。根据测试经验，电缆可能是某个接头进了潮气，导致了电缆的绝缘下降。

处理这种故障的办法一般有两个：一是长时间对电缆进行直流耐压，时间一长故障点就会发热，绝缘会继续下降发生击穿放电；二是加大电容的电容量，多次对电缆进行冲击，使电缆击穿放电。考虑到发生器的容量和长时间的直流耐压会伤害电缆的其他地方，同时现场也没有其他电容可用，上述两种方法现场都不能使用。

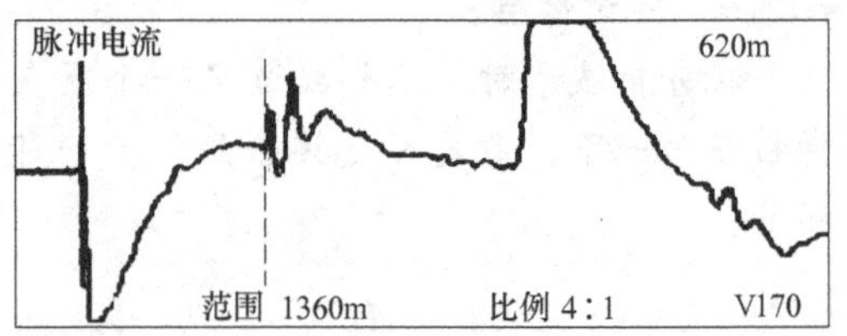

图 7-42　电缆测试故障波形

分析图 7-42 所示的脉冲电流波形，在距 2A1 终端头 620m 附近的某个接头发生故障的可能性比较大，商议后，丈量到 620m，打开盖板，发现 10 多米内有两个中间接头，见图 7-40 中 a、b 两接头，用手触摸 b 接头有点热，打开接头后有水流出。

把接头两端都锯掉一段后，用2500V兆欧表进行绝缘测量，各相都为∞，换一段电缆、做接头、做直流耐压合格后恢复送电。

测试体会：

对这种加高压有泄漏但不放电的故障，故障点在接头处的可能性很大，依据测距结果找到接头，就能排除故障。

案例13　冷缩头不放电的电缆故障探测

一、故障线路情况描述及故障性质诊断

线路名址：某政府大楼供电电缆　　电压等级：10kV

绝缘类型：XLPE绝缘　　电缆全长：520m

此电缆为新敷设的某政府大楼供电电缆，全长约500多米，在离电杆端20多米和50多米处曾因施工遭到过破坏，做了三个冷缩中间头。交工验收时发现，用500V兆欧表测试B相绝缘为0。电缆敷设情况如图7-43所示。

故障测试时用500V兆欧表测试B相对地绝缘电阻为0，用万用表测试B相对地故障电阻为30 kΩ，初步诊断为单相高阻接地故障，应选用脉冲电流冲闪法测试故障距离。

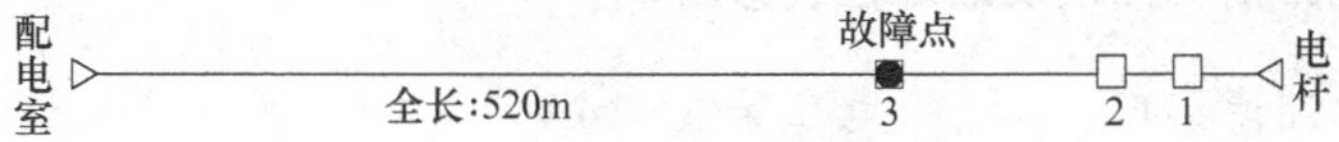

图7-43　电缆敷设示意图

二、故障测试仪器

T-903A电力电缆故障测距仪、T-504电缆故障定点仪、T-302电缆测试高压信号发生器、500V兆欧表、万用表等。

三、故障测距与定位过程

在配电室，通过A、C相间用低压脉冲法测得电缆全长为520m，和资料相符，因没有带打印机，所测波形没有记录。

在向故障电缆B相和金属护层之间施加高压脉冲时发现，T-302的电压表只回摆了2次，指针就不再动了，说明故障点绝缘已恢复，用兆欧表测试后发现，B相绝缘电阻已恢复到1000MΩ。第一次放电的脉冲电流波形十分乱，不能分析出故障距离，第二次放电没有采到脉冲电流波形。

根据经验，这种情况可能是某个电缆头处有少量潮气，使电缆绝缘降低，使得测得的绝缘电阻很小。待通过高压信号发生器冲击后，故障点处因放电产生的热量使温度迅速升高，潮气迅速汽化，绝缘恢复。

要想再次测试故障距离，需等待故障点处温度降下来，汽化的潮气重新凝结成液态水回到放电通道上，才能进行。但时间已经不太允许。

在这种情况下，工作人员决定剥开一个冷缩头。根据工人的回忆，认为其中3号中间头在制作时可能有问题，剥开后看到由于做冷缩头时工艺不良，使半导体错位，形成接头点到接头一端的绝缘距离不够，电流通过半导体层向屏蔽层有细微的爬电痕迹。

由于对另外两个中间接头也不放心，工作人员决定更换50m电缆，只做了一个中间接头，排除了故障。

测试体会：

1. 故障电缆在现场什么情况都可能发生，必须多积累一些经验，这对快速找到故障点有利。

2. 冷缩头故障的脉冲电流波形比较乱，近期所测的几个冷缩头的故障都出现了这个情况。主要原因是故障点放电不完全，甚至于封闭。

（感谢呼和浩特供电局旧城分局杨喜平先生提供本案例）

案例14　不易续弧的接头故障探测

一、故障线路情况描述及故障性质诊断

线路名址：淄博钢厂　　　　电压等级：6kV

绝缘类型：XLPE绝缘　　　电缆全长：795m

电缆线路在运行时发生了接地故障，分开电缆两端同其他设备的连接后，绝缘测试时发现距车间内开关柜1m处被击穿，锯掉这1m电缆后，用兆欧表测试电缆绝缘电阻为：A、C相对地为∞，B相对地为0；用万用表测试B相对地绝缘电阻为20kΩ，诊断电缆仍然存在单相高阻接地故障。电缆敷设情况如图7-44所示。

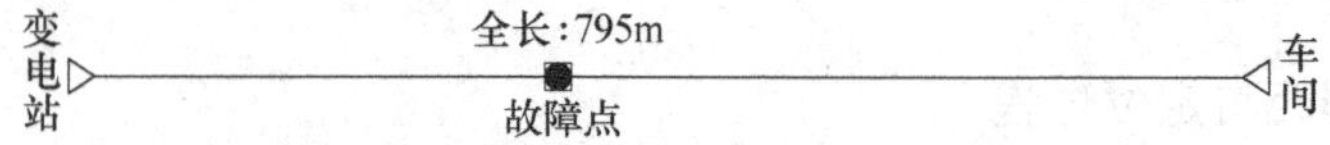

图7-44　电缆敷设示意图

二、故障测试仪器

T-303电缆测试高压信号发生器、T-S100二次脉冲信号耦合器、T-905电力电缆故障测距仪、T-505电缆故障定点仪、兆欧表、万用表等。

三、故障测距与定位过程

在变电站，首先用T-905的低压脉冲方式，通过A、C相间测得电缆的全长为795m（波形未记录），和资料基本相符。

然后将 T-303 和 T-S100 与电缆故障相连接后，用 T-905 的二次脉冲方式测试 B 相的故障距离。但测试中发现，故障点不能续弧，无法得到二次脉冲波形。

于是拆掉 T-S100，通过 T-303 向 B 相和金属护层之间施加高压脉冲信号，用脉冲电流法测得图 7-45 所示故障波形，故障距离为 385.2m。

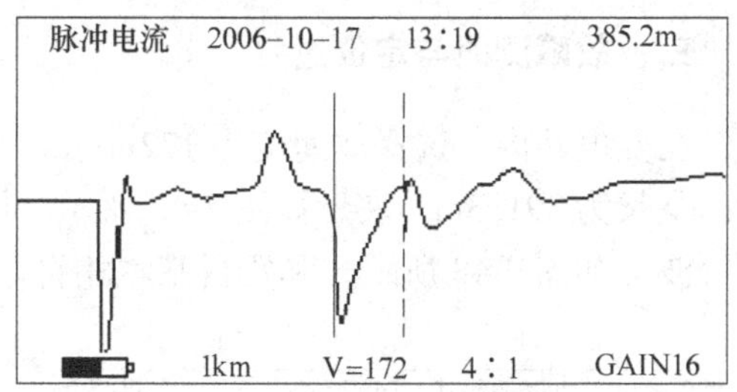

图 7-45　脉冲电流法测试故障波形

将高压信号发生器旋至周期放电方式，携带 T-505 到 380 多米处定点时发现，该处是一电缆接头，接头处因外界施工而被裸露在外，接头内正在放电，放电声是一种持续的劈劈啪啪的声音，不是梆梆的声音，说明放电不是很充分，提高冲击电压后仍然如此。可能是因外界施工电缆被扯动，接头内部受伤所致。重新制作接头后恢复供电。

测试体会：

虽说接地电阻 20kΩ 属于高阻故障，但因故障点放电不充分或放电产生的弧光迅速熄灭，无法续弧，使得此高阻故障不能用二次脉冲法测试，应选用脉冲电流法测试该故障的故障距离。故障点在接头处和故障点处浸在水里时，常发生这种情况。

案例 15　用二次脉冲法测试典型接头故障

一、故障线路情况描述及故障性质诊断

线路名址：世纪花园小区　　　　电压等级：10kV

绝缘类型：XLPE 绝缘　　　　电缆全长：390m

电缆敷设情况如图 7-46 所示，此电缆是世纪花园小区电源电缆，电缆在运行中发生了接地故障，用兆欧表测试三相对地绝缘电阻为：A 相对地 ∞，B 相对地 0.5MΩ，C 相对地 5MΩ，诊断此电缆发生了多相高阻接地故障。

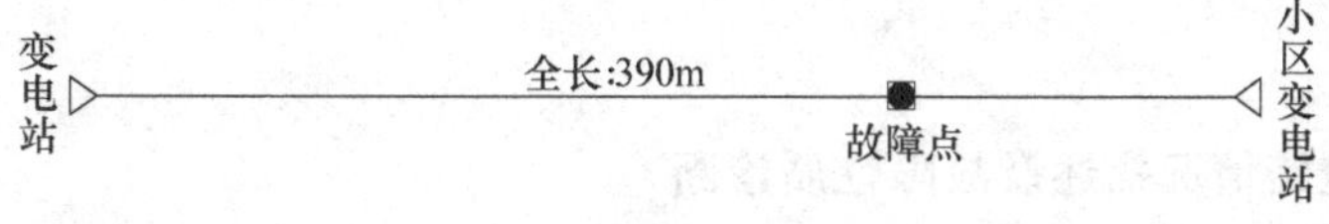

图 7-46　电缆敷设示意图

二、故障测试仪器

T-303 电缆测试高压信号发生器、T-905 电力电缆故障测距仪、T-S100 二次脉冲信

号耦合器、T-505电缆故障定点仪、兆欧表等。

三、故障测距与定位过程

在变电站内，选择波速度为172m/μs，通过A相对金属护层用低压脉冲法测得电缆的全长为391.3m，波形如图7-47所示，同时电缆在232.2m处有一个明显的接头反射，波形如图7-48所示，和资料基本相符。

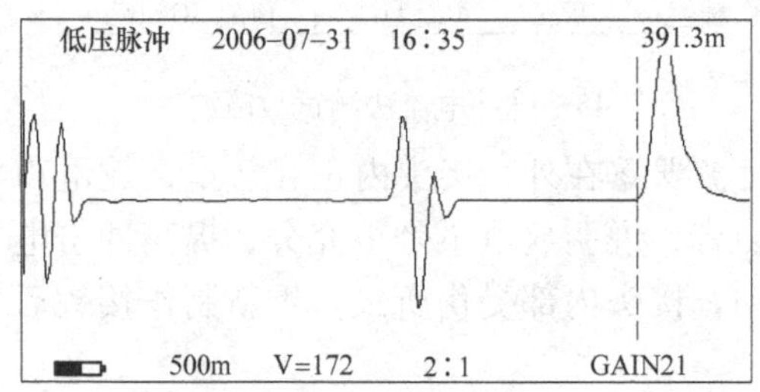

图7-47 电缆全长波形

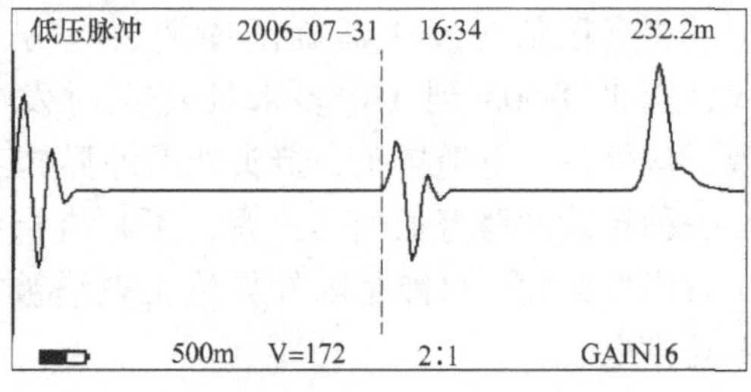

图7-48 电缆接头波形

把T-303、T-S100和T-905组合连接后，用二次脉冲法测试，得到如图7-49所示的二次脉冲波形，电缆的故障距离为232.2m。从故障距离和波形上可以看出，故障点就在中间接头处。

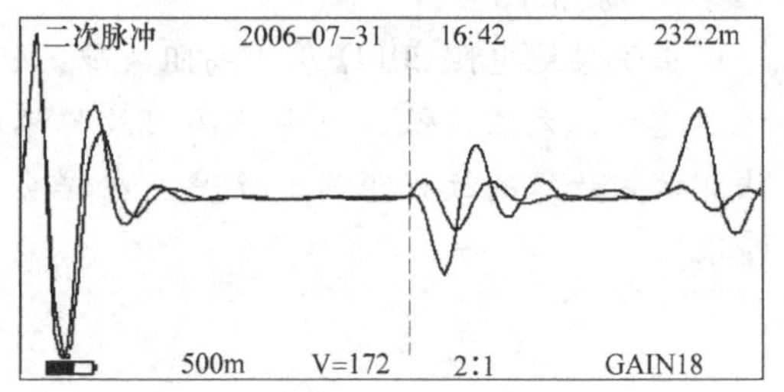

图7-49 二次脉冲法测试故障波形

因比较清楚电缆中间接头的位置，故障定点过程十分简单，携带定点仪到接头处，立刻就接收到了放电产生的声音信号。挖出接头后，看到了开放性的接头故障，接头内有水。

测试体会：

如果故障电缆的路径比较清楚，资料比较齐全，将会给故障查找带来很大的方便。

案例16 用二次脉冲法测试单相接地故障

一、故障线路情况描述及故障性质诊断

线路名址：临沂发电厂　　电压等级：10kV

绝缘类型：XLPE绝缘　　电缆全长：7000m

电缆敷设情况如图7-50所示，此电缆是电厂对用户的供电电缆，电缆在运行中发生接地跳闸事故，用兆欧表测试三相对地绝缘电阻为：A、B相对地∞，C相对地

5MΩ，诊断此电缆发生了单相高阻接地故障。

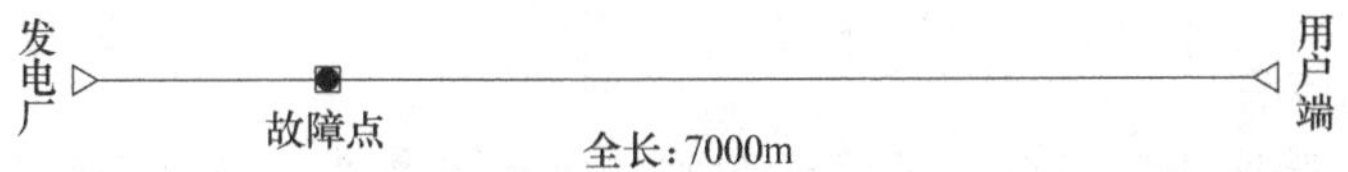

图 7-50 电缆敷设示意图

二、故障测试仪器

T-303 电缆测试高压信号发生器、T-905 电力电缆故障测距仪、T-S100 二次脉冲信号耦合器、T-505 电缆故障定点仪、兆欧表等。

三、故障测距与定位过程

在电厂变电站内，选择波速度为 170m/μs，通过 B 相对金属护层用 T-905 的低压脉冲法测得电缆的全长为 7000m，和资料基本相符。

通过 T-303 向 C 相和金属护层之间施加高压脉冲，用 T-905 的脉冲电流法测得电缆的故障距离为 462. 4m，如图 7-51 所示。

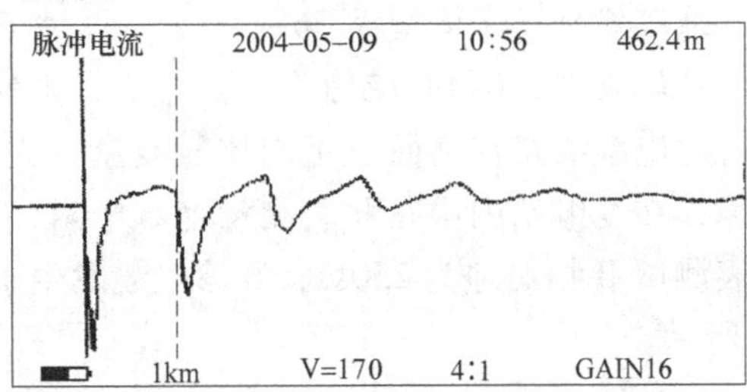

图 7-51 脉冲电流法测试故障波形

由于电缆比较长，路径也不是十分清晰，故障定点时，目测 460m 的位置发生严重偏差，使定点工作遇到了困难。

重新回到电厂变电站内，把 T-303、T-S100 和 T-905 组合连接后，用二次脉冲法测试，得到图 7-52 所示的二次脉冲波形，电缆的故障距离为 440. 3m。这次选择的波速度是 172m/μs，根据以往的测试经验，这个 440m 的故障距离应该更精确一些。

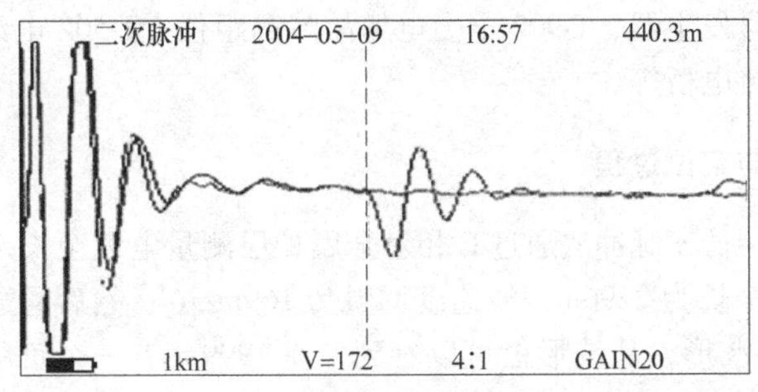

图 7-52 二次脉冲法测试故障波形

用 T-303 向电缆的故障相和金属护层之间施加 20kV 的周期性的高压脉冲，携带 T-505 从电厂开始，通过脉冲磁场的正负法，查找电缆的路径，同时也通过声磁同步法寻找故障点的位置，这次很快就收到了故障点放电的声音信号，移动探头后找到了声磁时间差最小的位置。挖开电缆后，看到了故障点。

测试体会：

选用二次脉冲法测距时，虽然设备的接线比较复杂，但测得的结果要比脉冲电流法更精确一些，测得的波形更易于理解和分析。所以，当用脉冲电流法和二次脉冲法对同一个故障进行测试时，如果两者测得的距离差不多，应该以二次脉冲法的测距为准。

案例 17　故障点在路面下的电缆故障探测

一、故障线路情况描述及故障性质诊断

线路名址：上海漕天 567　　　　电压等级：35kV

绝缘类型：XLPE 绝缘　　　　电缆全长：2294.6m

此电缆线路在路面下走向比较复杂，大多是在车行道下面，运行中发生单相接地故障，在变电站内用兆欧表测量绝缘电阻，A、C 相对地为∞，B 相对地为 0，后用万用表测试 B 相对地为 250Ω，确诊电缆发生了单相低阻接地故障。电缆敷设情况如图 7-53 所示。

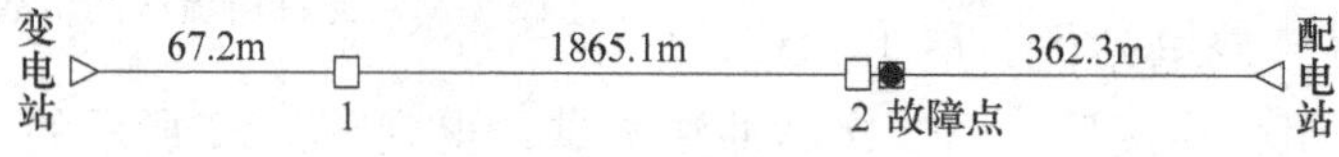

图 7-53　电缆敷设示意图

二、故障测试仪器

组合式高压信号发生器、T-902 电力电缆故障测距仪、T-502 电缆故障定点仪、兆欧表、万用表、直流电桥等。

三、故障测距与定位过程

在变电站端，用低压脉冲法通过 C 相对金属护层测量电缆全长，得图 7-54 所示波形，根据资料设定全长为 2296m，波速度调整为 169m/μs；然后通过 B 相对金属护层测试得图 7-55 所示波形，从波形上可以看到，在 1909m 有一个负脉冲，怀疑为故障点，但没用比较法测试，鉴于距变电站端 1930m 处有接头，该处是故障点反射、接头反射还是故障点本身就在接头处，不敢下定论。

采用脉冲电流法，通过 B 相对金属护层冲闪后，得到图 7-56、图 7-57 所示波形，分析后认为故障测距应为 1960m。

由于 1900 多米处是在车行道下面，故障定点很困难，担心测得的故障距离不准，后又采用电桥法进行测量，以验证脉冲法的测距结果。在配电站端把 A、B 相线芯短

路，在变电站端测量直流电阻为：0.597Ω ÷ 2 ≈ 0.298.5Ω。故障距离为：0.429 × 2 × 2294m ≈ 1968.2m（正接法），（1 − 0.574）× 2 × 2294m ≈ 1954.4m（反接法）。

最后取两次平均值为（1968.2m + 1954.4m）÷ 2 = 1961.3m。

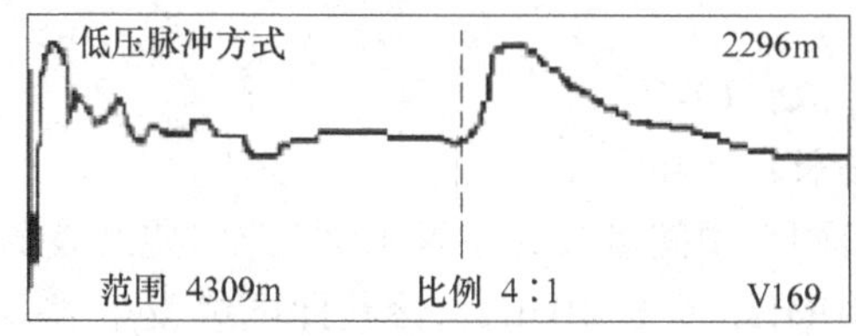

图 7-54　电缆全长波形

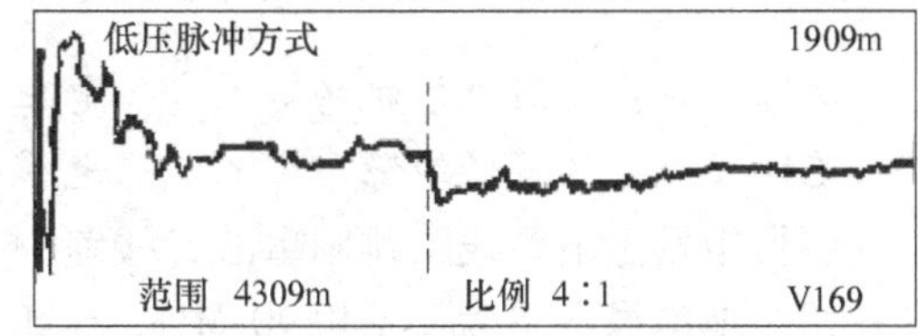

图 7-55　低压脉冲法测试故障波形

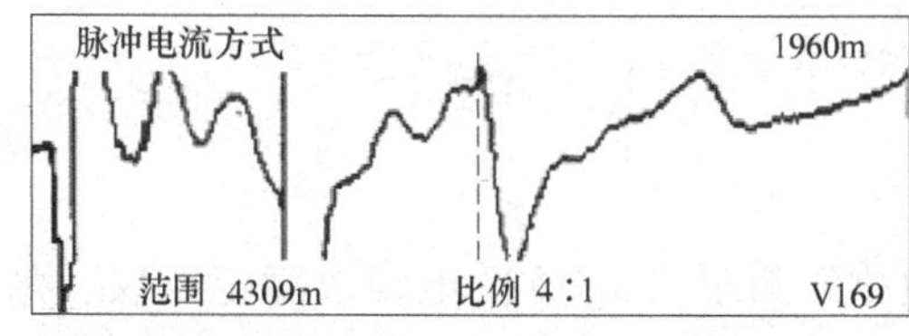

图 7-56　脉冲电流法测试故障波形

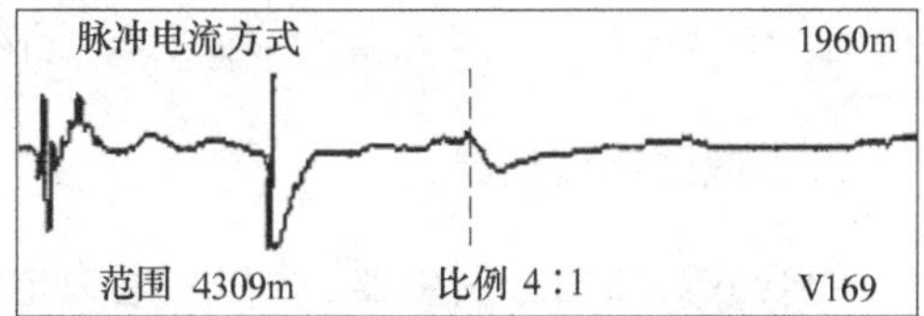

图 7-57　脉冲电流法测试故障波形

由于电缆线路在地面下，走向比较复杂，大多是在车行道下面，给故障定点工作带来很大的不便。因为在车行道下时，故障点放电声音本身传播的较远，又加上车辆行人的噪声干扰，声测法不能精确找到故障点的位置。最后不得不通过隔离带隔离车辆与人员，同时用 T-502 的声磁同步法查找故障点的位置，最后在距离 2 号中间接头大概 30m 的地方找到故障点，挖开后，发现故障发生在电缆线路的本体上，电缆上有向下的一个小洞，估计是敷设时电缆搁在坚硬的石块上引起的损伤。

测试体会：

1. 用低压脉冲法测得的距离，一般情况下比用脉冲电流法要精确一些，而本次用低压脉冲法测量不如脉冲电流法精确度高的主要原因是电缆较长、范围较大、低阻反射波形较小、拐点不好确定，在这个测量范围内，移动一个光标所代表的距离将近 20m，由于光标放置的位置不准确，引起了较大的误差。实际测试中，对于这种低阻故障最好用低压脉冲的比较法测试。

2. 故障电缆铺设在马路下时，可以多采用几种方法进行测距，尽量能精确地判断出故障距离，丈量时也应尽可能把路径和预留长度搞清楚，以减小定点范围。

案例18 不易击穿放电的电缆故障探测

一、故障线路情况描述及故障性质诊断

线路名址：上海虹桥机场　　　　　电压等级：10kV

绝缘类型：油浸纸绝缘　　　　　　电缆全长：584m

运行中发生电缆线路跳闸事故，线路中有两个中间接头（位置不详），用兆欧表测量各相对地绝缘电阻为：A相90 MΩ，B相10MΩ，C相10MΩ，诊断此电缆发生了多相高阻接地故障，应选择脉冲电流法测距。电缆敷设情况如图7-58所示。

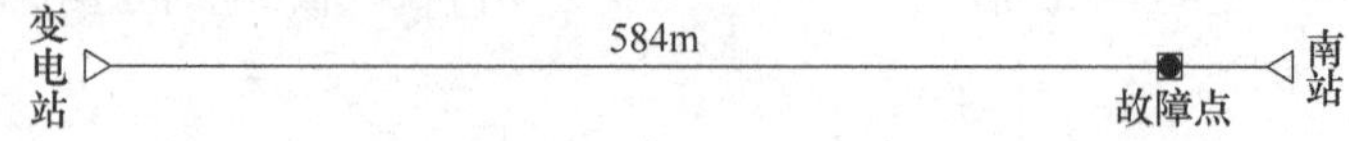

图7-58 电缆敷设示意图

二、故障测试仪器

组合式高压信号发生器、T-902电力电缆故障测距仪、T-502电缆故障定点仪、兆欧表、万用表、听音器等。

三、故障测距与定位过程

在变电站端，用低压脉冲方式测电缆全长，A、B、C相对地的低压脉冲反射波形都很相似，波形如图7-59所示，测得电缆全长为584m。

然后用脉冲电流冲闪法通过B相对金属护层测试，脉冲电压在25kV以下时，故障点不正常放电，所得波形很乱，不好理解；当把脉冲电压加到25kV以上时，故障点放电，得到图7-60、图7-61所示波形，其中图7-60所示波形是在耦合器极性接反情况下测得的，从两个波形图上可以看出波形虽然可以分析了，但仍然很乱；然后在B、C相间施加高压脉冲，得到图7-62所示波形，这时波形简单多了，确定故障点在距离变电站556m处，离南站28m。

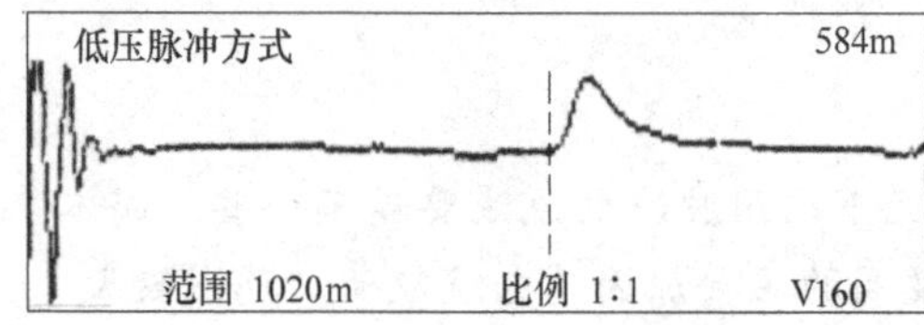

图7-59 电缆全长波形

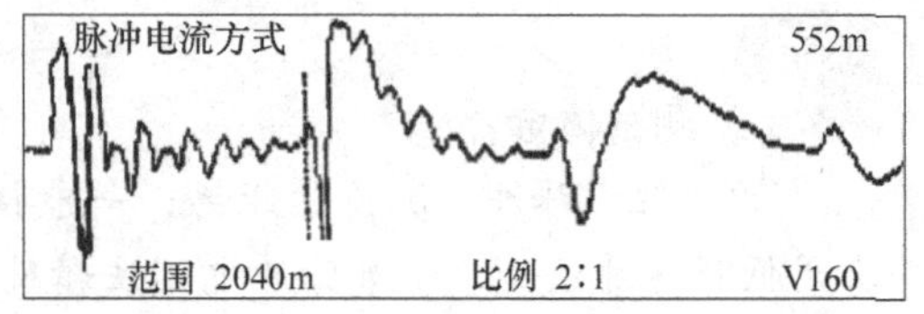

图7-60 脉冲电流法测试B相故障波形（耦合器接反）

故障点正好在机场跑道边缘上，电缆路径的地面上浇注了两层比较厚的水泥，由于振动面积比较大，用听音器声测时，在其周围8m范围内声音都很大，无法确定故障点的具体位置，后来用T—502的声磁同步法定点，找到了声磁时间差最小的点，但用户考虑到开挖困难，没把故障点挖开，而是绕过跑道重新敷设了一段电缆。

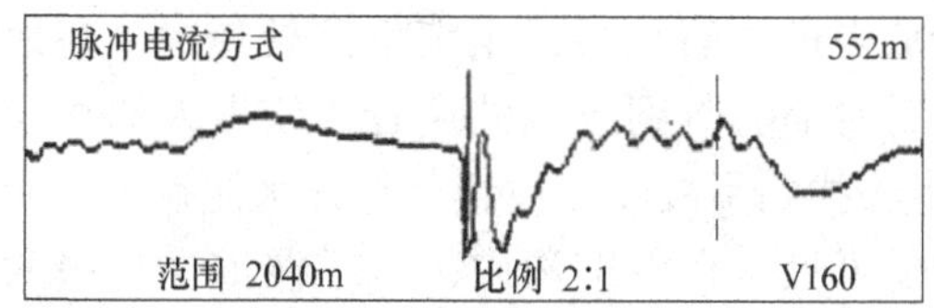

图 7-61　脉冲电流法测试 C 相故障波形（延时 45μs）

图 7-62　脉冲电流法测试 B、C 相间故障波形（延时 30μs）

测试体会：

在测多相对地故障时，如果通过相对金属护层测得的波形太乱，不好分析，可在绝缘较低的两相之间加高压脉冲进行故障测距，得到的波形可能会好分析一些。

案例 19　故障点在电缆沟内的电缆故障探测

一、故障线路情况描述及故障性质诊断

线路名址：上海 1 号分变　　　　电压等级：10kV

绝缘类型：XLPE 绝缘　　　　　电缆全长：918m

该电缆运行中发生供电中断事故，用兆欧表测量各相对地绝缘电阻为：A 相对地 250kΩ，B 相对地 500kΩ，C 相对地∞，诊断为多相高阻接地故障，应选用脉冲电流法测量电缆的故障距离。电缆敷设情况如图 7-63 所示。

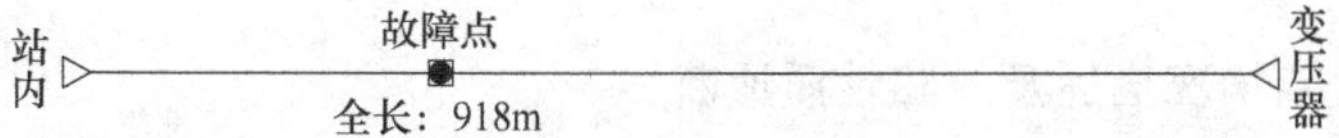

图 7-63　电缆敷设示意图

二、故障测试仪器

T-302 电缆测试高压信号发生器、T-903 电力电缆故障测距仪、T-504 电缆故障定点仪、兆欧表、万用表等。

三、故障测距与定位过程

在变压器端，先用低压脉冲法通过 C 相对金属护层测得电缆的全长为 918m，波形如图 7-64 所示，和资料相符。

然后用高压信号发生器向 A 相和金属护层之间施加高压脉冲，采用脉冲电流法测试，得脉冲电流波形如图 7-65 所示，测得故障距离为 277m。

到 277m 左右的位置定点时发现，电缆是在电缆沟内，电缆盖板上又铺了一层

20cm 左右的土或水泥，故障点放电时，由于放电的声音信号沿电缆沟到处传播，在地表上用听音器测试，沿电缆沟 200 多米的范围内都能听到放电的声音，依靠人的耳朵不能精确找到故障点，后用 T-504 的声磁同步法找到了故障点位置，打开水泥盖板，明显看到正在击穿放电的故障点，破损位置肉眼可见。在电缆沟内，电缆浸泡在乌黑的液体中，该液体有腐蚀性，凡电缆浸没的地方外护层均被腐蚀，破损处可见到铜屏蔽部分，内护层（绝缘层）也同样受到了腐蚀。

低压脉冲
918m
范围 2720m
比例 4∶1
V170

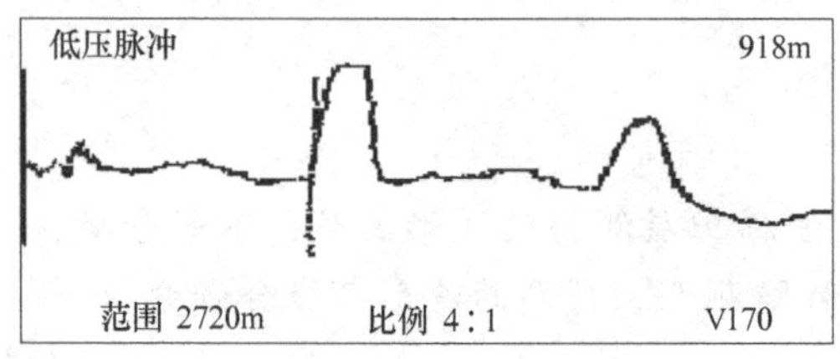

图 7-64　电缆全长波形

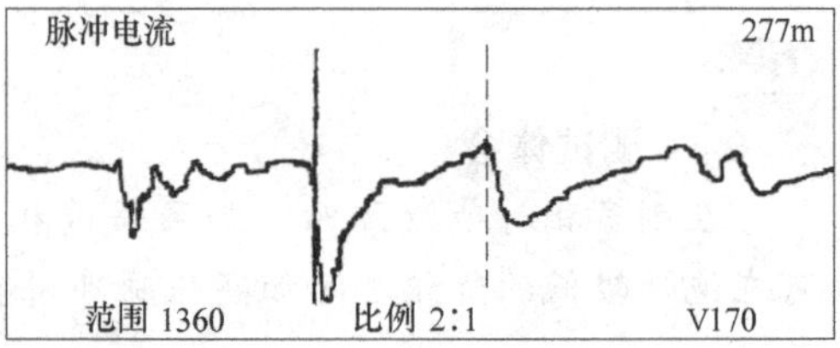

脉冲电流
277m
范围 1360
比例 2∶1
V170

图 7-65　电缆故障波形

测试体会：

故障点在电缆沟内时，放电声音沿电缆沟传播，在地面上很长一段范围内都能听到放电的声音，但声音振动的能量会沿最近的电缆托梁传到大地上，用声磁同步法可以精确找到故障点。

案例 20　多相多点的电缆接地故障探测

一、故障线路情况描述及故障性质诊断

线路名址：吴淞化工厂　　　　电压等级：10kV

绝缘类型：XLPE 绝缘　　　　电缆全长：395m

电缆在做预防性直流耐压试验时，A、C 相泄漏电流升高并分别击穿，形成高阻接地故障，B 相未做试验。经兆欧表测试绝缘电阻，A 相对地为 4MΩ，C 相对地为 50 MΩ，B 相对地为∞。电缆敷设情况如图 7-66 所示。

变电站
故障点
故障点
锅炉房
全长:395mm

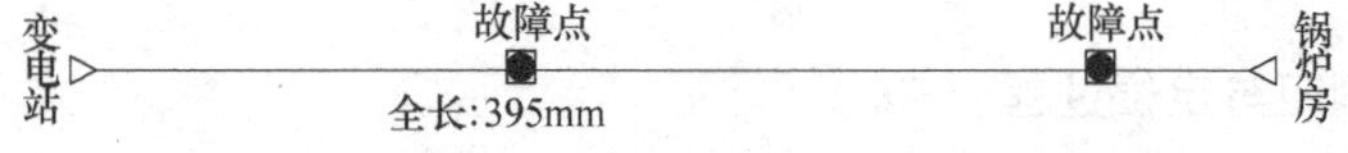

图 7-66　电缆敷设示意图

二、故障测试仪器

T-302 电缆测试高压信号发生器、T-903 电力电缆故障测距仪、T-504 电缆故障定点仪、兆欧表等。

三、故障测距与定位过程

在变电站端，用低压脉冲法通过 B 相对金属护层测试电缆的全长为 388m，测试波形如图 7-67 所示，和资料基本相符，波速度选择为 170m/μs，如果选择为 172m/μs，就可能和资料完全相符了。

用高压信号发生器向 A 相和金属护层之间施加高压脉冲，通过测距仪测得脉冲电流冲闪波形，如图 7-68 所示，故障距离为 339m。

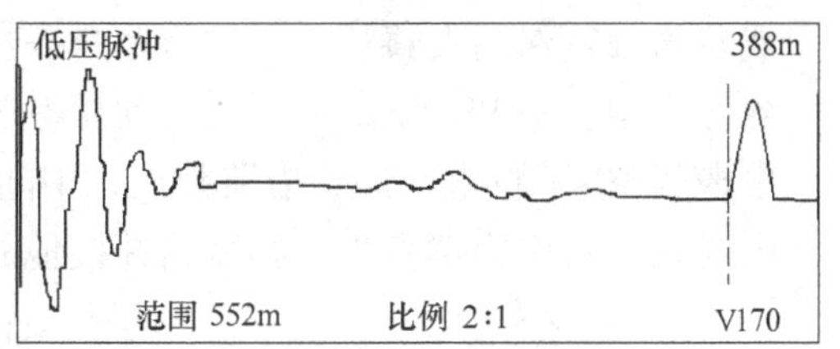

图 7-67　电缆全长波形

用 T-504 的声磁同步法到距锅炉房 60m 的地方去定点，该处电缆埋设在锅炉房边，周围环境噪声很大，而且埋设深度在 1. 3m 以上，用听声音的方法定点很费力，根本听不到放电声，但通过用眼睛看声音波形的声磁同步法，轻松找到声磁时间差为 11 ×0. 2ms 的地方为故障点，挖开后，发现电缆由于受到周围土壤的腐蚀，故障点处电缆的外护层破损，锯断后，排除了 A 相故障。

再用兆欧表向两端测试，发现 C 相向变电站方向绝缘仍不好（A 相已排除），又到变电站内通过 C 相对金属护层用脉冲电流法测量了一次，得到图 7-69 所示波形，故障点在 162m 位置上。

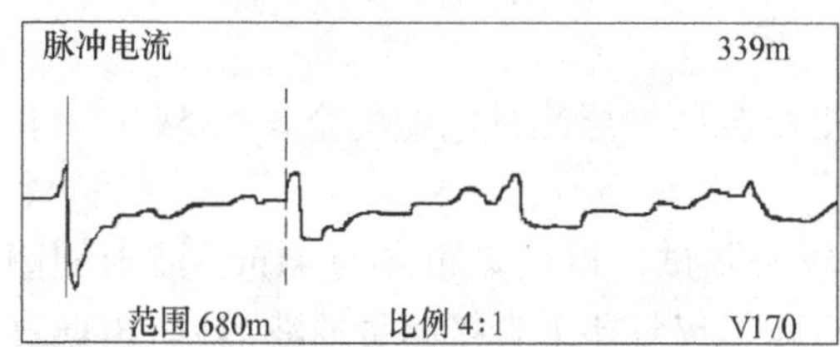

图 7-68　脉冲电流法测试 A 相故障波形

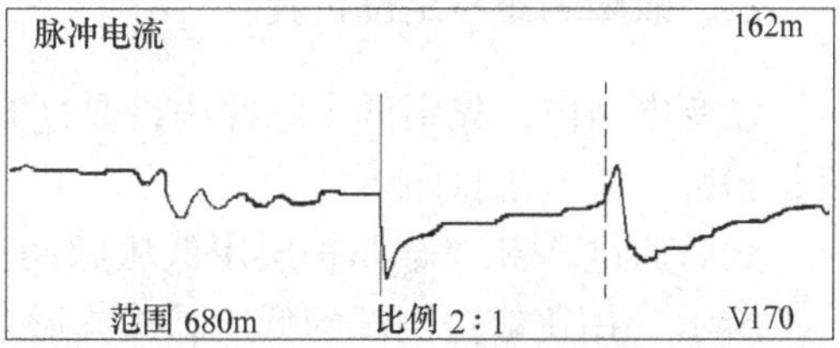

图 7-69　脉冲电流法测试 B 相故障波形

用 T-504 到 162m 左右位置处定点，很快找到故障点，确认后挖出电缆，发现在电缆本体上有外力损坏痕迹，锯断后，进行去潮试验，重新制作中间接头，经直流耐压试验合格后，投入运行。

测试体会：

1. 找到故障点把电缆锯断后，一定要用兆欧表对电缆的绝缘重新测量一遍，以防存在多个故障点。

2. 做直流耐压试验时，在两相已闪络击穿的情况下，第三相就不必再加压试验了，这样有利于测量校正波速度和用其他方法测试故障距离。

案例21 有两个故障点的电缆故障探测

一、故障线路情况描述及故障性质诊断

线路名址：深圳大梅沙　　　　电压等级：10kV

绝缘类型：XLPE 绝缘　　　　电缆全长：544m

电缆为10kV供电电缆，沿路敷设，中间没有接头，跨过一小区花园后接到分支箱内。电缆在运行中突然发生三相短路并接地故障。电缆敷设情况如图7-70所示。

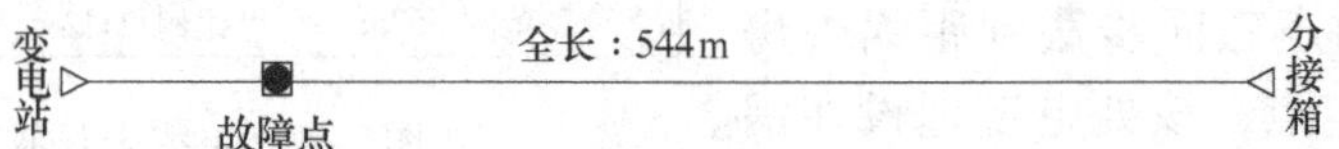

图7-70 电缆敷设示意图

测试人员到达现场后，先用兆欧表测试三相对地绝缘电阻，均为0。然后用万用表测得绝缘电阻为：A相对地15Ω、B相对地250kΩ、C相对地80kΩ。

二、故障测试仪器

T-302电缆测试高压信号发生器、T-903电力电缆故障测距仪、T-505电缆故障定点仪、2500V兆欧表、万用表等。

三、故障测距与定位过程

在变电站内，先用低压脉冲法，通过B相对金属护层测试电缆的全长为544m，和资料相符，波形未打印。

然后通过A相对金属护层用低压脉冲比较法测试，得故障距离为41m，波形如图7-71所示（用比较法测试的低压脉冲波形未打印，仅打印下直接测量的波形）。再通过向B相和金属护层之间施加高压脉冲，用脉冲电流法测得故障距离为45m，测试波形如图7-72所示。确认故障点应该就在距变电站40多米的地方。

携带T-505到40多米处去定点，轻松看到了故障点放电的声音波形，同时也听到了微弱的放电声音，移动探头后找到声磁时间差最小的位置（9×0.2ms）。挖出电缆后，看到轻微的只有一个小洞的故障点。

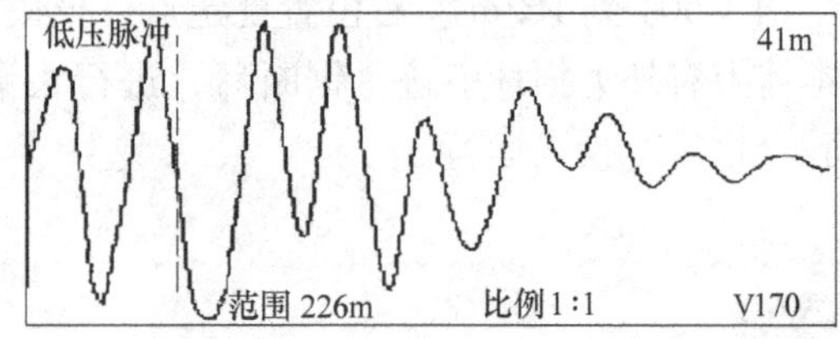

图7-71 低压脉冲法测故障波形

处理完该处故障并做好接头后，用兆欧表测C相对地绝缘仍为0，用万用表测量仍为80kΩ，其他两相恢复到∞。分析后认为，C相的故障出在其他地方。

回到变电站内，通过C相对金属护层用脉冲电流法测试故障距离为83m，波形如图7-73所示。

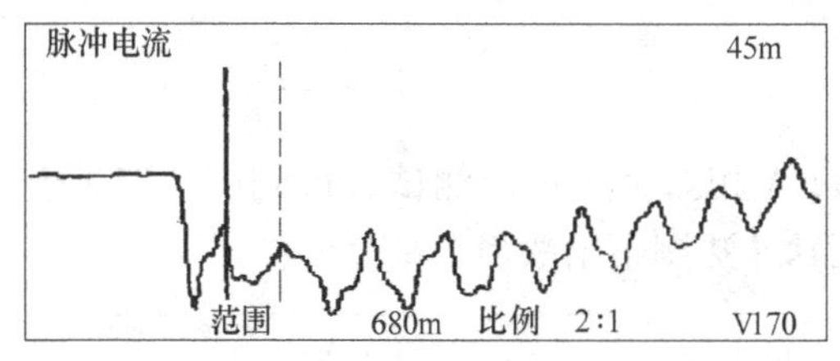

图 7-72　脉冲电流法测 B 相故障波形

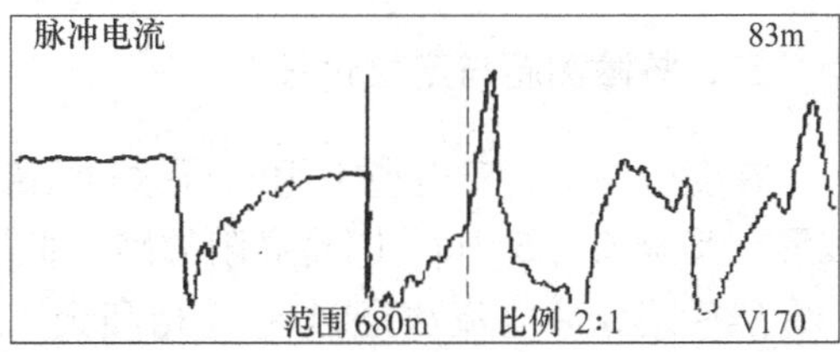

图 7-73　脉冲电流法测 C 相故障波形

丈量到 83m 处，发现该处在小区花园的草丛中，有动土的迹象，但用 T-505 定点，没有放电的声音，波形也听不到放电声音。考虑到图 7-73 所示波形是标准的放电波形，故障距离应该没有错，让人把动土的地方挖开，找到了电缆的被破坏点。

测试体会：

第一个 A、B 相对地的故障点，应该是由于 C 相被外力破坏发生接地后，引起 A、B 相的相电压提高，因 A、B 相中某相在该处相对比较薄弱引起击穿放电。

（感谢深圳供电公司谭波先生提供本案例）

案例 22　双电缆并联供电双故障点的故障探测

一、故障线路情况描述及故障性质诊断

线路名址：生产车间　　　　电压等级：10kV

绝缘类型：XLPE 绝缘　　　电缆全长：515m

此线路为两根 10kV 240 mm^2 电缆，从变电站到车间并联供电；全长大约 500 多米，400m 处有一接头；前 400 多米在电缆沟内，后 100 多米为直埋敷设；埋深 0.5 ~ 1m 不等，电缆沟很窄，共有十多根电缆相互积压在一起；电缆敷设情况如图 7-74 所示。

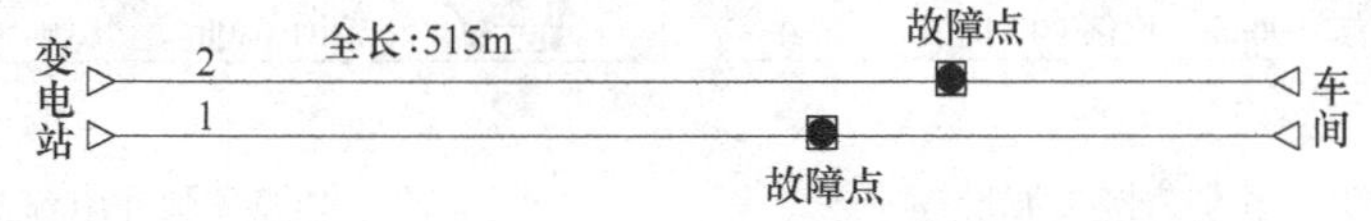

图 7-74　电缆敷设示意图

用兆欧表测试绝缘电阻知：第一根电缆（电缆 1）C 相对地 0.5MΩ，第二根电缆（电缆 2）B 相对地 4MΩ，其他均为∞，最后确诊两根电缆都发生了单相高阻接地故障。

二、故障测试仪器

T-903A 电力电缆故障测距仪、T-504 电缆故障定点仪、T-302 电缆测试高压信号发生器、500V 兆欧表等。

三、故障测距与定位过程

在变电站端，对电缆1用低压脉冲法通过A相对金属护层测试，得到图7-75所示波形，其全长为513m。因是高阻故障，低压脉冲法测不出故障距离。

然后用脉冲电流法通过向C相和金属护层之间施加高压脉冲进行测试，得到图7-76所示波形，故障距离为362m。

362m处是在电缆沟内，到该处后打开盖板听到明显的放电声并看到电缆1上有一个洞，为开放性的电缆本体击穿故障。

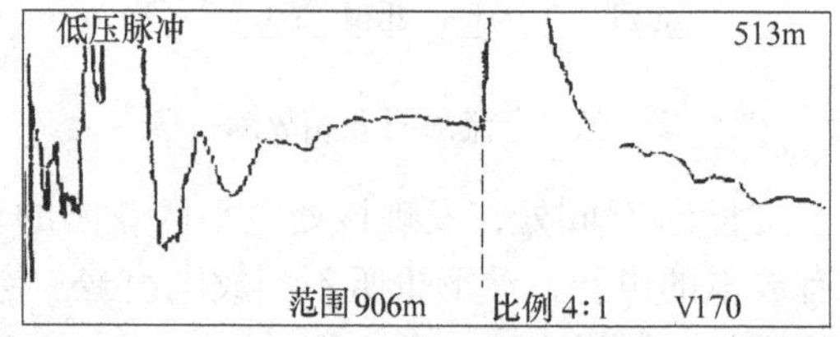

图7-75 电缆1全长波形

在变电站端，对电缆2进行测试，通过C相对金属护层之间用低压脉冲法测试，得到图7-77、图7-78所示波形，电缆2的全长为517m，在415m处有一接头。

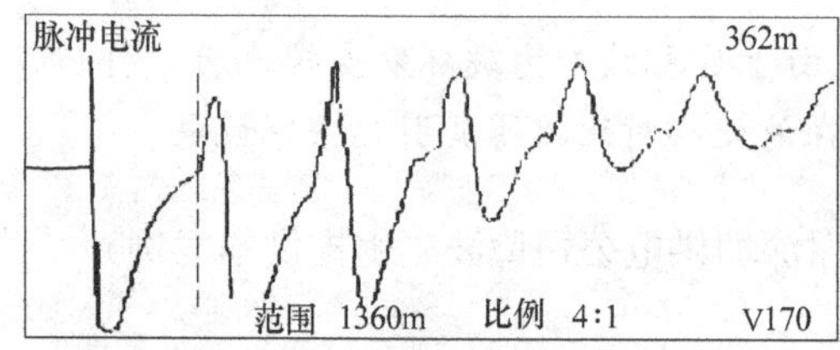

图7-76 电缆1脉冲电流故障波形

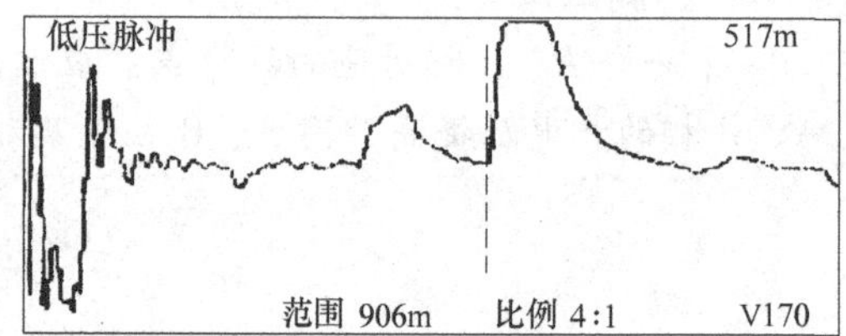

图7-77 电缆2全长波形

然后通过向B相和金属护层之间施加高压脉冲，用脉冲电流法进行测试，得到图7-79所示波形，故障距离为412m，和接头距离415m很接近，分析后认为故障点可能就在此接头处。

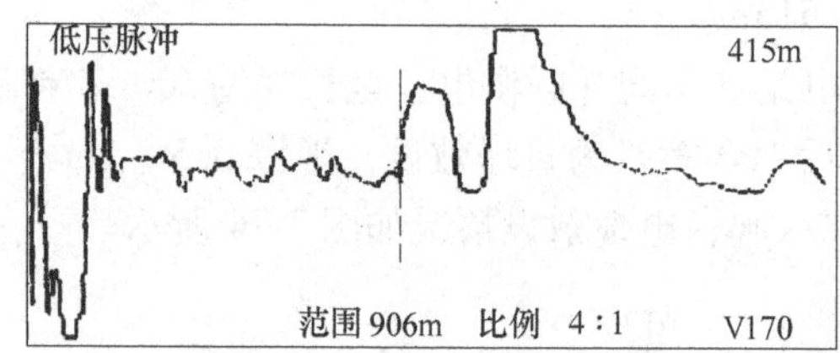

图7-78 电缆2接头波形

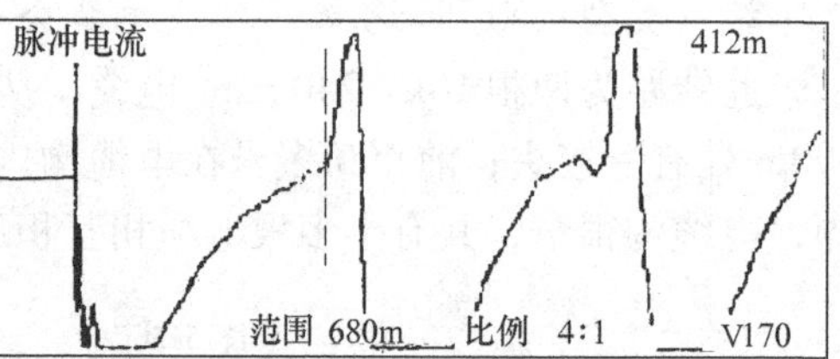

图7-79 电缆2脉冲电流故障波形

从400m处到车间这段电缆为直埋敷设，用T-504到接头处进行定点时发现，仪器在该处根本就收不到脉冲磁场信号，不能用声磁同步法定点；通过耳机也听不到故障点的放电声音，不敢确定故障点就在该处。

然后又到车间端，重新对电缆2进行测试，通过向B相和金属护层之间施加高压脉冲，用脉冲电流法测得图7-80所示波形，从波形图上可以看到故障波形很乱，好像故障放电不太充分，但高压信号发生器的电压表指针回摆很大，说明故障点充分放电了。根据经验，这种放电波形表明故障点应该在接头处。

然而再到接头处去定点，仍然没有磁场和声音信号，于是决定把电缆接头挖出；挖开电缆后发现，电缆被一个大铁板盖住，掀开铁板后看到铁板下盖有一小段电缆沟，电缆接头就在沟内，为冷缩头；把接头打开后，看到在接头的根部靠近变电站方向上有放电痕迹，为封闭性的电缆接头故障。

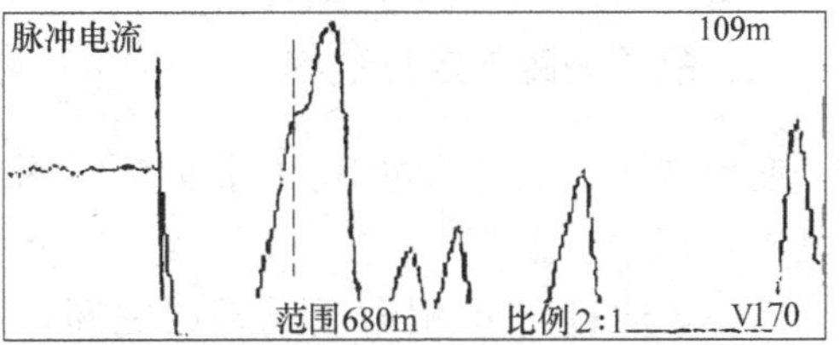

图 7-80　车间端测电缆 2 脉冲电流故障波形

测试体会：

1. 电缆的故障点如果在铁管内或在铁板下时，因磁场信号被屏蔽，仪器将接收不到脉冲磁场信号，这时不能用声磁同步法定点。同时电缆的故障点如果在电缆沟或 PVC 管内时，故障点放电产生的声音信号不能以振动的形式传播到大地表面，仪器也接收不到声音信号。

2. 在故障点已经充分放电，而得不到比较规则的脉冲电流波形时，表明故障点可能在接头处。

（感谢津西钢铁公司提供本案例）

案例 23　长放电延时的电缆故障探测

一、故障线路情况描述及故障性质诊断

线路名址：华为专线　　　　电压等级：10kV

绝缘类型：XLPE 绝缘　　　电缆全长：680m

电缆为 10kV 供电电缆，沿路直埋敷设，中间没有接头。电缆在运行中发生接地故障。电缆敷设情况如图 7-81 所示。

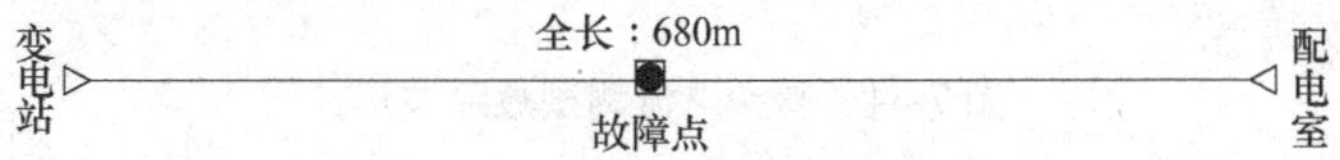

图 7-81　电缆敷设示意图

测试人员到达现场后，用数字式兆欧表测试三相对地绝缘电阻为：A 相对地15kΩ，B 相对地 250MΩ，C 相对地 1500MΩ，确诊为多相高阻接地故障。

二、故障测试仪器

T-302 电缆测试高压信号发生器、T-903 电力电缆故障测距仪、T-505 电缆故障定点仪、低压电桥、2500V 兆欧表等。

三、故障测距与定位过程

在变电站，首先通过 B、C 相间测得图 7-82 所示波形，电缆的全长为 680m，和资料基本相符。

然后，通过向 A 相和金属护层之间施加高压脉冲，用脉冲电流法测试故障距离，在脉冲电压 25kV 时，测得图 7-83 所示波形，从波形图上可以看到，这是一个全长多次反射的波形，故障点好像没有放电。但从 T-302 的电压表指针可以看出，指针迅速回摆，说明故障点已经放电。考虑到故障点放电所需的延时可能较长，故障点放电产生的脉冲信号，仪器没有采集到。测试时，需要调整放电延时。

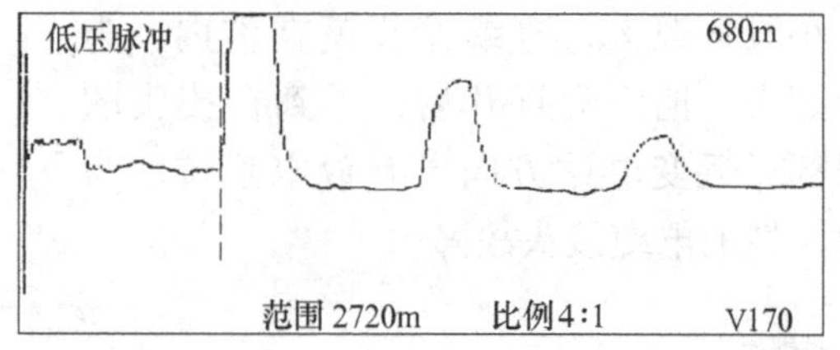

图 7-82　电缆全长波形

把 T-903 的放电延时调至 50μs 时，得到脉冲电流波形，如图 7-84 所示，测得故障距离为 272m。因范围较大，这个数据可能有一定的误差。

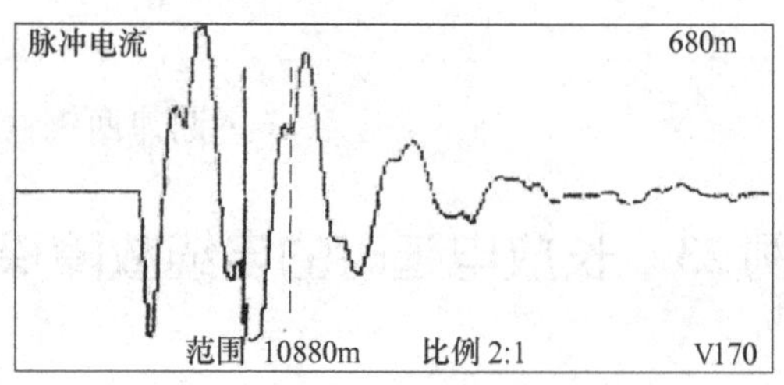

图 7-83　没采集到放电脉冲的脉冲电流波形

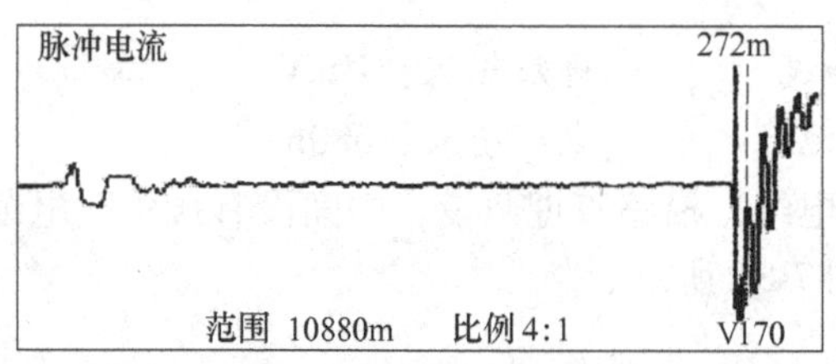

图 7-84　脉冲电流测试故障波形

由于 C 相的绝缘电阻是 A 相的十万倍，对 A 相来说，C 相可以当作好相。于是把 C 相作为测试联络线，用低压电桥法测得 A 相的故障距离为 290m，和脉冲电流法测试的距离基本相符。

携带 T-505 到 280m 左右去定点，找到了声磁时间差最小的点（12 ×0. 2ms）。开挖后，发现有 5 条电缆并排在一起，虽然能听到放电声音，但却看不到开放性的故障点，于是把沟内的干沙土均匀地撒在 5 条电缆上，很容易就找到了沙土随放电振动的地方。该故障为封闭性故障，剥开电缆后，发现电缆线芯绝缘上有一被击穿的如黄豆大小的圆孔。

测试体会：

在向电缆中施加高压脉冲使故障点放电时，要想判断故障点放电与否，可以看高压信号发生器的电压表或电流表是否大幅度的迅速摆动，如果发生了大幅度的摆动，则表明故障点放电了。这时，如果仪器没有采集到放电脉冲，在确保仪器没有问题的情况下，则可能是碰到了长放电延时的故障，需调整仪器的放电延时时间，再采集放电波形。

（感谢深圳供电公司谭波先生提供本案例）

案例 24　近距离高阻接地的电缆故障探测

一、故障线路情况描述及故障性质诊断

线路名址：沪南公路　　　　电压等级：10kV

绝缘类型：XLPE 绝缘　　　　电缆全长：392m

此电缆线路在运行中跳闸后停电，经多次合闸不成功。电缆敷设情况如图 7-85 所示。

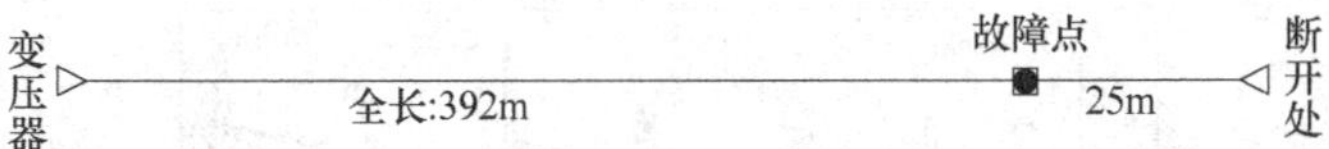

图 7-85　电缆敷设示意图

在断开处用兆欧表和万用表测试三相对地（金属护层）之间的绝缘电阻，得到 A 相对地为 2kΩ，B 相对地为 1 MΩ，C 相对地为∞，确定为多相高阻接地故障。

二、故障测试仪器

组合式高压信号发生器、T-903 电力电缆故障测距仪、T-503 电缆故障定点仪、听音器、兆欧表、万用表等。

三、故障测距与定位过程

首先在断开处用低压脉冲法通过 C 相对金属护层进行测试，测得图 7-86 所示的波形，全长为 392m。

然后用脉冲电流冲闪法分别通过 A、B 相对金属护层进行测试，测得图 7-87、图 7-88 所示波形，测得故障距离为 31m。这是一个近距离故障波形，由于确定这种近距离波形零点的位置和虚光标的位置都比较困难，所以其所测故障距离的

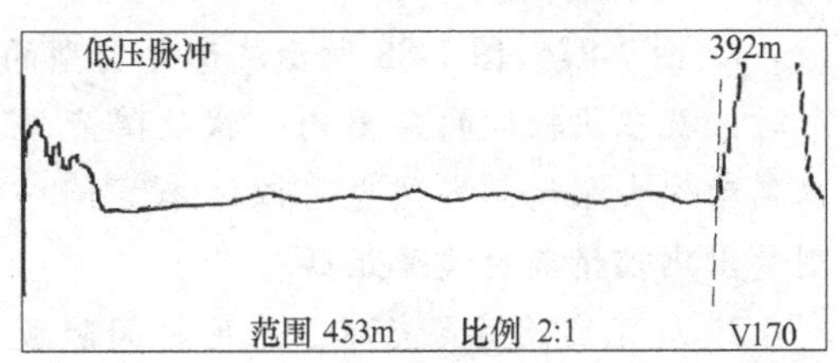

图 7-86　电缆全长波形

相对误差比较大。

考虑到故障点离测试端比较近，定点时可能会受到球间隙放电的干扰，为精确测得故障距离并利于定点，我们按图 7-89 所示接线圈进行接线，把放电球间隙改到变压器端 A、C 相间，通过 C 相对地进行脉冲电流法测距，得到图 7-90 所示波形，故障距离为 759m，则有 392 ×2 – 759 = 25m，证实故障点在断开处向变压器方向大概 25m 处。

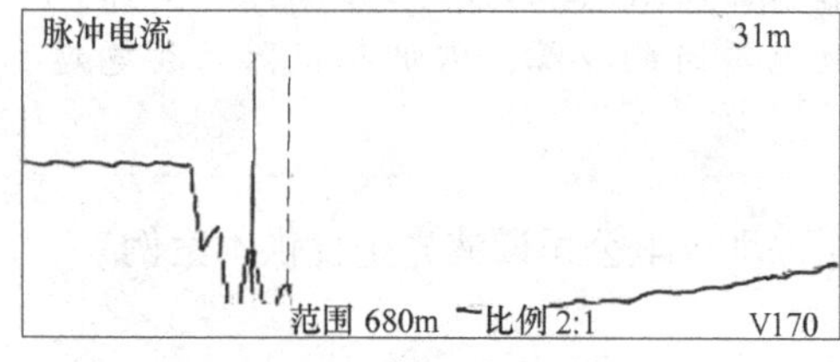

图 7-87 电缆 A 相故障波形

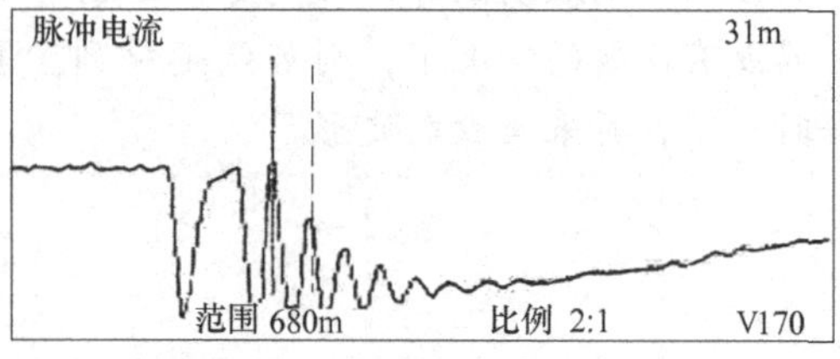

图 7-88 电缆 B 相故障波形

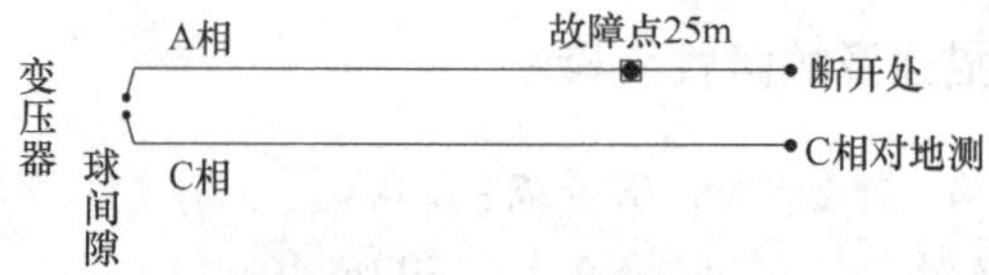

图 7-89 在变压器端 A、C 相间做球间隙接线

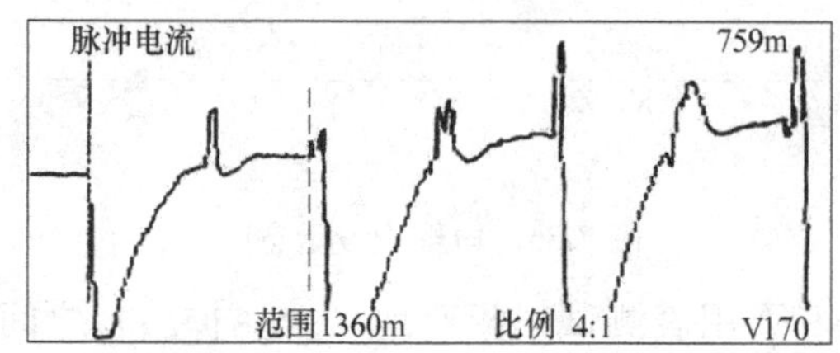

图 7-90 在变压器端 A、C 相间做球间隙测得的故障波形

在测得故障点在 31m 的位置后，就用听音器进行了第一次故障定点，但由于受到近端球间隙击穿放电声音的影响，很难找到精确的故障点位置。

当把球间隙改到变电站端后，用声磁同步法进行第二次定点，轻松地找到了故障点的具体位置。

测试体会：

1. 图 7-87、图 7-88 所示波形是典型的近距离故障波形，当测试时得到这种波形时，就在比较近的距离内寻找故障点就可以了。在受到球间隙放电干扰时，可以到对端去测试，当然也可以像本案例一样，把线路的接线方法改变一下，则可测量出比较精确的故障距离。

2. 近距离故障定点时，选用把间隙放在仪器内部的 T-30X 型系列高压信号发生器，便能排除球间隙放电的干扰。

案例25　两种不同绝缘介质的电缆故障探测

一、故障线路情况描述及故障性质诊断

线路名址：上海国棉一厂　　　　电压等级：35kV

绝缘类型：油浸纸＋XLPE绝缘　　电缆全长：376m

该35kV电缆线路，本是油浸纸绝缘电缆，曾经因故障，中间换过一段交联电缆，做了两个中间接头。此次电缆在运行中发生跳闸事故后，曾以为是这两个接头中的一个发生了故障，但挖开接头后表面看不出任何问题。电缆敷设情况如图7-91所示。

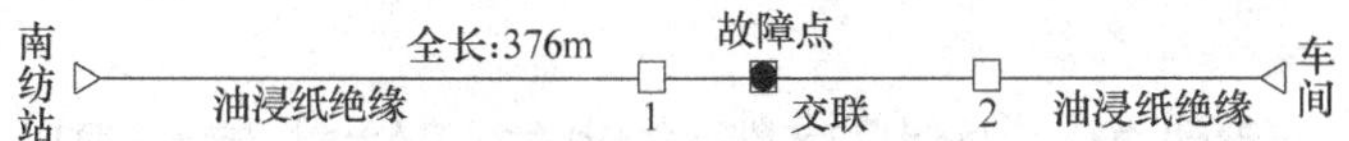

图7-91　电缆敷设示意图

将电缆两端的电缆头与其他相连设备断开后，在南纺站用兆欧表进行绝缘测量，A、B两相对地为∞，C相对地为56MΩ，诊断该电缆发生了单相高阻接地故障。

二、故障测试仪器

T-301电缆测试高压信号发生器、T-903电力电缆故障测距仪、T-503电缆故障定点仪、兆欧表等。

三、故障测距与定位过程

因是粗测线路长度和故障距离，设定波速度为160m/μs，直接用低压脉冲法通过C相对金属护层进行测试，测得电缆全长为376m，所得波形如图7-92所示。测试时因两个中间接头是油浸纸绝缘电缆和交联电缆连接形成的阻抗不匹配点，接头反射十分明显，曾一度怀疑是故障点的反射，后用低压脉冲比较法测试，发现三相对金属护层的低压脉冲波形没有什么区别，才确定是接头反射，不是故障点。

然后向C相和金属护层之间加高压脉冲，用脉冲电流冲闪法测试，测得故障距离为186m，波形如图7-93所示。

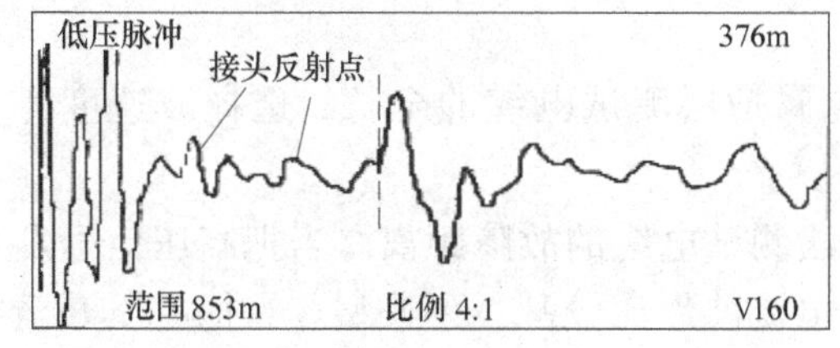

图7-92　电缆全长波形

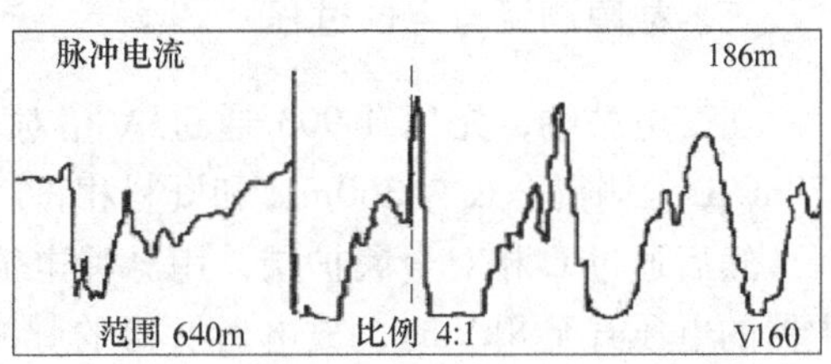

图7-93　脉冲电流测试故障波形

用T-503沿电缆路径到180m左右处定点，在180～190m之间看到放电产生的声音波形，调整探头位置后，声磁时间差最小的位置为9×0.2ms，最后确定该处为故障点

的位置。

挖出电缆后发现在交联电缆段的电缆本体上有一个 2cm×4cm 的洞，已看到内部线芯有断裂地方，但不是完全断线，周围土壤干燥，可能是电缆曾经被损伤过。

测试体会：

当电缆线路是由两种以上种类的电缆组成时，电缆中的接头反射十分明显，一定要用低压脉冲比较法测试一下，以排除接头疑虑点。同时，波速度选择时，先以绝缘类型较长电缆的波速度为主，然后再根据故障距离位于何种绝缘介质的电缆段中进行适当调整。但由于故障测距是粗测，波速度也可以不做调整。

案例 26　多相高阻接地封闭性故障探测

一、故障线路情况描述及故障性质诊断

线路名址：齐鲁石化炼油厂　　　　电压等级：6kV

绝缘类型：XLPE 绝缘　　　　　　电缆全长：360m

此线路在运行中发生接地跳闸事故，用兆欧表测试三相对地绝缘电阻为：A 相对地∞，B 相对地 5MΩ，C 相对地 1MΩ，诊断该电缆发生了多相高阻接地故障，选择用脉冲电流法测量故障距离。电缆敷设情况如图 7-94 所示。

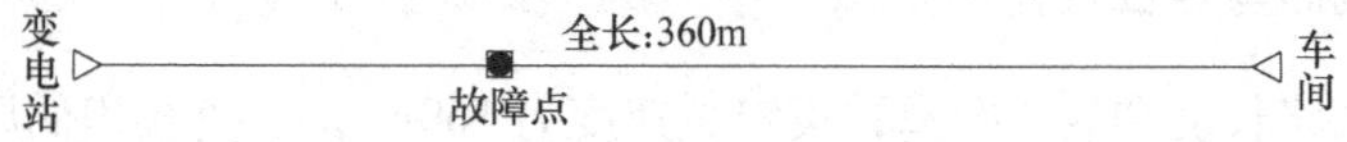

图 7-94　电缆敷设示意图

二、故障测试仪器

T-302 电缆测试高压信号发生器、T-903 电力电缆故障测距仪、T-505 电缆故障定点仪、兆欧表等。

三、故障测距与定位过程

在变电站端，先用 T-903 通过 A 相对金属护层测试电缆的全长，选择波速度为 170m/μs，测得全长为 360m，和资料相符。

然后通过 C 相对金属护层，用脉冲电流法测试电缆的故障距离。当把高压信号发生器的电压升至 8kV 时，放电后所得的脉冲电流波形比较乱，不典型。当把电压升至 12kV 时，得到典型的放电波形，如图 7-95 所示，从波形图可以得到电缆的故障距离为 97m。

携带 T-505 到大概 100m 处去定点，在左右 20m 范围内，没有找到故障点。把高压信号发生器的脉冲电压升至 15kV 后，在 100m 处，采集到了故障点放电的声音波形，

波形幅值很小，移动探头到1m外，声音波形就采集不到了。在1m范围内移动探头，最后找到声磁时间差为11×0.2ms的点为时间差最小的点，确定为故障点的位置。由于放电声音太小，故障定点的过程中，通过耳机根本听不到故障点放电的声音。

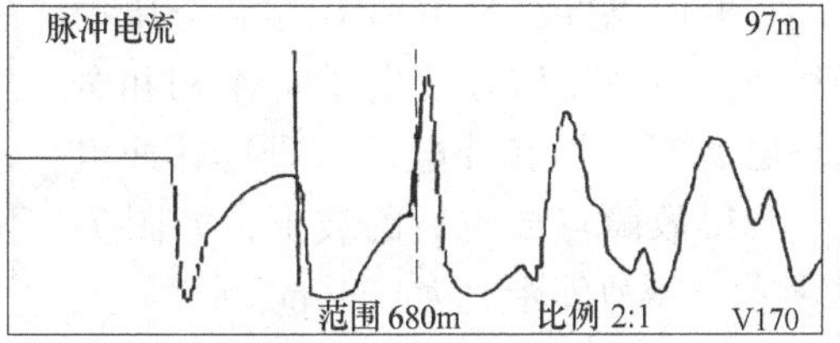

图 7-95　脉冲电流法测故障波形

挖出电缆后，在电缆的外表没有发现明显的损伤。重新向电缆施加高压脉冲信号后，能明显听到放电的声音，用干砂土撒到电缆表面，从沙土振落的点看到了放电的位置，本故障为封闭性的故障。

测试体会：

由于放电的声音被电缆外护层封住，封闭性故障点放电的声音很难传出来，定点时需通过尽量增加电容或提高电压的方式，提高放电的声音强度，用声磁同步法查找故障点。这时仅通过听声的方式一般很难查找到封闭性故障点的位置。

案例27　路径资料记录错误的电缆故障探测

一、故障线路情况描述及故障性质诊断

线路名称：呼和浩特新城区　　　　电压等级：10kV

绝缘类型：XLPE绝缘　　　　　　电缆全长：3000m

电缆线路在运行中发生接地故障，用兆欧表测试三相对地绝缘电阻为：A、B相对地0.5MΩ，C相对地∞，诊断该电缆发生了多相高阻接地故障，选择用脉冲电流法测试电缆的故障距离。线路中有多个接头，由于资料缺失，接头的距离与位置不明。电缆敷设情况如图7-96所示。

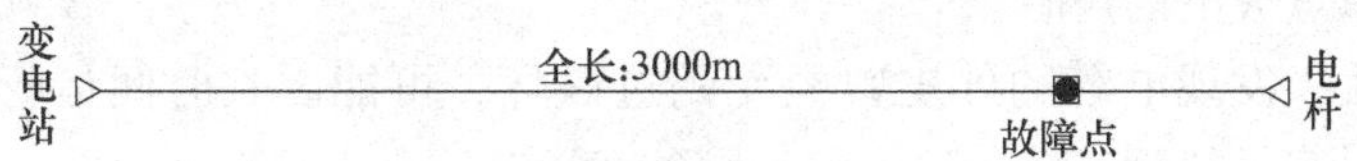

图 7-96　电缆敷设示意图

二、故障测试仪器

T-302电缆测试高压信号发生器、T-903电力电缆故障测距仪、T-504电缆故障定点仪、T-602电缆测试音频信号发生器、兆欧表等。

三、故障测距与定位过程

在变电站端，先通过C相对金属护层，用低压脉冲法测试电缆的全长，在调整波

速度至171m/μs时，测得图7-97所示波形，电缆全长为3009m，和资料基本相符。

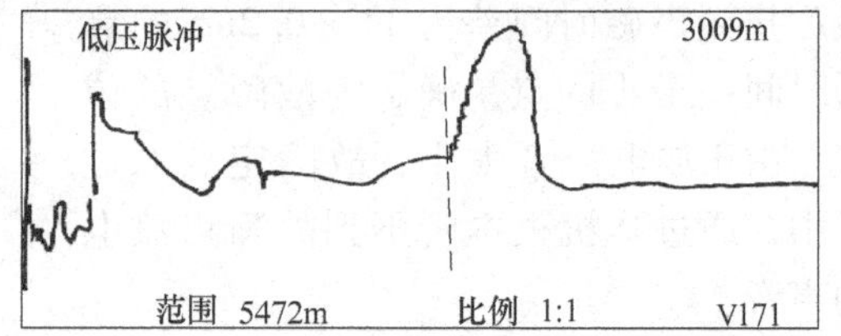

图7-97　电缆全长波形

在变电站端，把电缆B相和金属护层相连，用高压信号发生器向A相和金属护层之间施加脉冲电压，通过脉冲电流法测得故障点放电后的波形，如图7-98所示，得故障距离为2644m。

通过分析故障距离得知故障点在电线杆一测。考虑到测试时范围太大，由此得到的故障距离的误差也可能会比较大，于是决定到电线杆处再测。在电线杆端，测得图7-99所示的故障点放电的脉冲电流波形，得故障距离为353m。

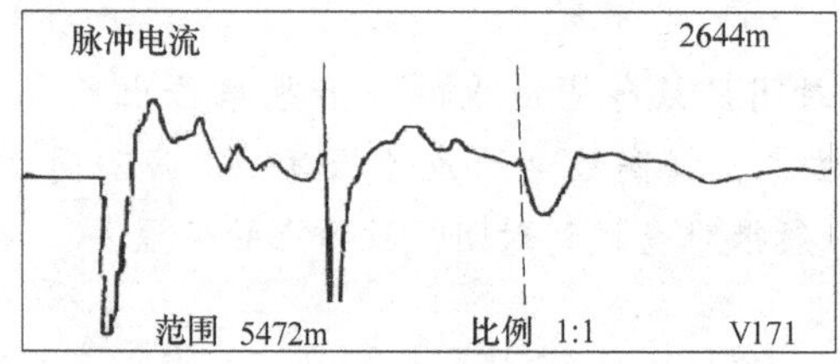

图7-98　变电站端测脉冲电流故障波形

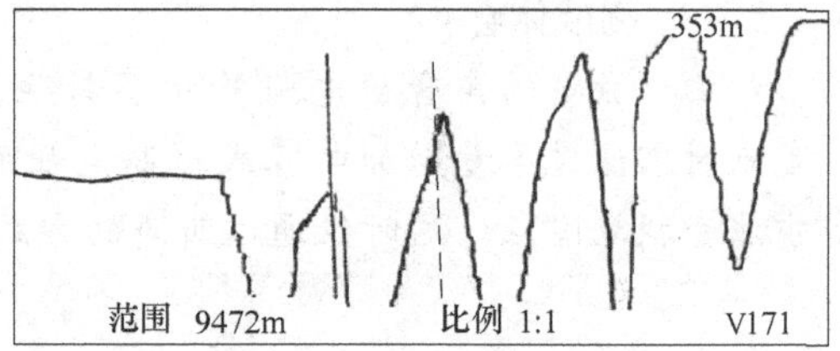

图7-99　电杆端测脉冲电流故障波形

根据用户提供的路径，携带T-504到350m附近去定点，发现仪器根本收不到脉冲磁场信号。回到测试端，到电杆附近测试，仍然收不到脉冲磁场信号。这时才发现，电缆的两端没有接工作地，在测试端把电缆的金属护层同工作地连接后，仪器收到了脉冲磁场信号。

重新携带T-504到用户提供的350m附近去定点，发现仪器仍然收不到脉冲磁场信号。于是回到测试端，用脉冲磁场正负法查找电缆的路径，测得电缆的路径和用户提供的路径偏差很大，到350m附近时，仪器收到了故障点放电的声音波形，同时通过耳机也听到了故障点放电的声音。

挖开电缆后，发现电缆的外皮曾经受到过破坏，可能因长时间运行，接地电流逐渐增大，最后引起了故障。

测试体会：

1. 测试时不能盲目地相信资料提供的路径。

2. 故障定点时，应首先在离测试端20m外的地方测试一下，看定点仪能否收到脉冲磁场信号，如接收不到，就调整接地线，使其能够接收到磁场信号。否则将可能会浪费测试人员的精力，耽误故障修复时间。

案例28　外界环境较嘈杂的电缆故障探测

一、故障线路情况描述及故障性质诊断

线路名址：厦门莲俊线　　　电压等级：10kV

绝缘类型：XLPE 绝缘　　　电缆全长：1500m

此线路在运行中发生接地故障，用兆欧表测试三相对地电阻为：A 相对地∞，B 相对地 1.5MΩ，C 相对地 2 MΩ，诊断该电缆发生了多相高阻接地故障，选择用脉冲电流法测距。电缆敷设情况如图 7-100 所示。

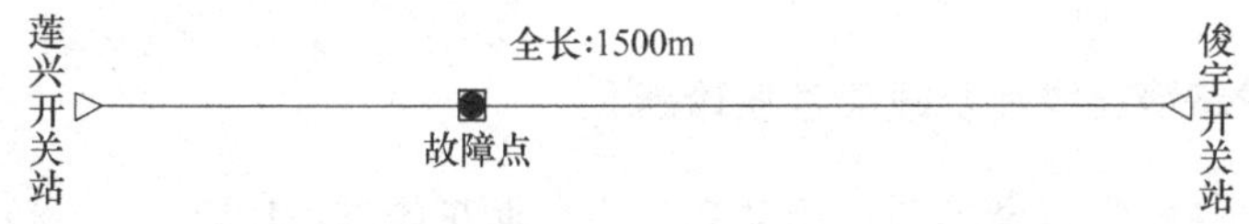

图 7-100　电缆敷设示意图

二、故障测试仪器

T-302 电缆测试高压信号发生器、T-903 电力电缆故障测距仪、T-504 电缆故障定点仪、兆欧表等。

三、故障测距与定位过程

选择波速度为 170m/μs，在莲兴站通过 A 相对地用低压脉冲法测得电缆全长为 1500m，波形图未记录。

通过向 B 相和金属护层之间施加高压脉冲，升高电压至 15kV，放电后，用 T-903 的脉冲电流法测得故障距离为 527m，如图 7-101 所示。

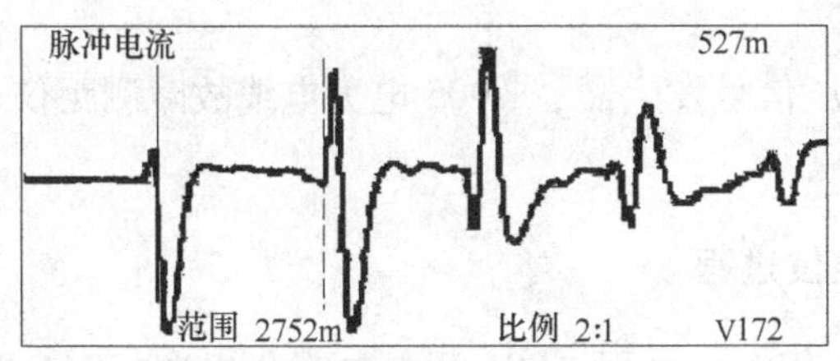

图 7-101　脉冲电流故障波形

把 T-302 调至“周期放电”方式，携带定点仪到 500 多米处去定点。由于测试环境恶劣，汽车来往噪声大、野外风大草多，给定点带来一定的困难，曾经一度怀疑故障点是否发出了放电声。过程中曾到对端电缆裸露的地方，把探头放到电缆上，通过耳机听到了明显的放电声，确认故障点肯定已放电并发出了放电声音。又回到了 500 多米处，移动探头仔细定点，收到了声音波形信号，并找到了声磁延时最小的点（5 × 0.2ms），同时用耳机监听放电的声音强度，证明故障点就在此处。

测试体会：

定点时当不能确定故障点发出放电声音时，可以到电缆裸露的地方（离开高压信号发生器），直接把探头放到电缆上，通过耳机听电缆中是否有故障点的放电声音存在。

（感谢厦门供电公司陈志坚先生提供本案例）

案例29 海底超长电缆的故障探测

一、故障线路情况描述及故障性质诊断

线路名称：福建霞浦金鸡岛—西洋岛　　电压等级：10kV

电缆规格：油浸纸绝缘　　电缆全长：12000m

此电缆是霞浦金鸡岛—西洋岛的跨海电缆，全长12044m，共有中间接头约10个左右。其电缆在东海海域约11744m，上霞浦金鸡岛岸约为200m，上西洋岛岸约为100m。电缆敷设情况如图7-102所示。用兆欧表与万用表测试电缆的三相对地及相间绝缘电阻为：A相对地3kΩ，B相对地2kΩ，C相对地3kΩ，A相对B相40Ω，B相对C相20Ω，A相对C相40Ω，诊断为多相接地低阻短路故障。

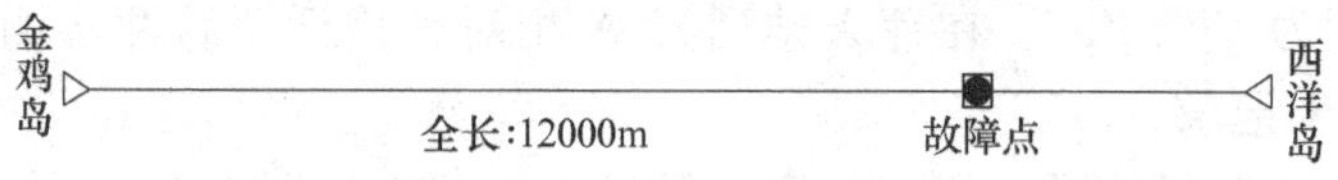

图7-102 电缆敷设示意图

二、故障测试仪器

T-302电缆测试高压信号发生器、T-905电力电缆故障测距仪、T-505电缆故障定点仪、兆欧表、万用表等。

三、故障测距与定位过程

在金鸡岛，通过A相对地，用T-905测得电缆全长为12044. 8m，和资料基本相符，波形如图7-103所示。由于波形毛刺太多（可能是接头反射），通过各相对地及各相之间测得的波形均看不到短路波形存在，波形未记录。

用T-302和T-905配合，采用脉冲电流法测得B相的故障距离为7564. 8m，如图7-104所示。

从西洋岛往金鸡岛方向测，B相对地电阻为1kΩ，用T-905的低压脉冲方式测得故障距离为4480m，波形未记录。

由于两端测得的故障距离相加正好等于电缆全长，因此故障点应该在从西洋岛往

金鸡岛方向的 4400 ~ 4500m 之间。

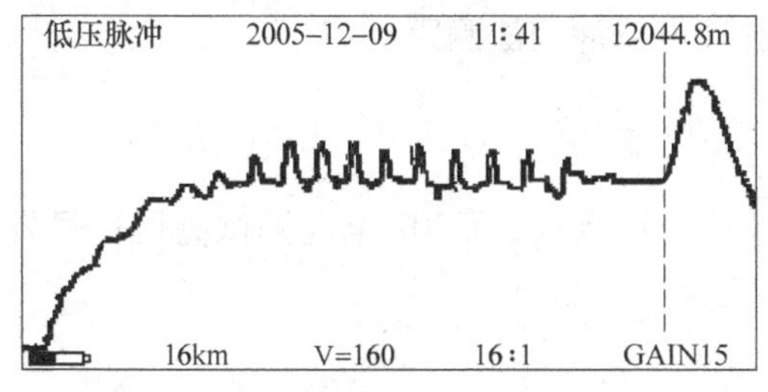

图 7-103　电缆全长波形

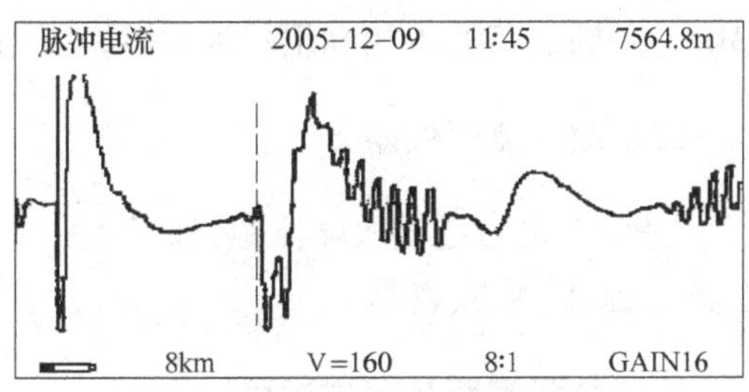

图 7-104　脉冲电流测故障波形

用 T-302 向 A 相和金属护层之间施加周期性的高压脉冲信号，在距西洋岛 4400 ~ 4500m 之间，把 100m 的电缆有序捞出放在船上，把 T-505 的探头放到电缆上，对故障点进行定点。随着 T-505 接收到的声音信号逐渐增强与声磁时间差的逐渐减小，离电缆故障点越来越近，最后找到了故障点。电缆的外钢丝、麻绳、外护套均没有破损，属于本体故障。

测试分析：

1. 从两个波形图可以看到，波形中有许多毛刺，不能确定是仪器原因、测量范围太大的原因，还是电缆接头反射的原因，在范围较小时没有上述情况。

2. 虽然本电缆发生了相间低阻故障，但在金鸡岛通过相间测试时却不能得到低阻反射波形，分析原因可能是距离太长、范围太大引起的。

（感谢厦门供电公司陈志坚先生提供本案例）

案例 30　埋设较深的电缆故障探测

一、故障线路情况描述及故障性质诊断

线路名称：电厂供水电缆　　　电压等级：10kV

绝缘类型：XLPE 绝缘　　　　电缆全长：543m

故障电缆为自来水公司对电厂的供水电缆线路，沿钢铁路旁敷设，电缆全长 500 多米，接头情况不明。钢铁路修整时对路面及周围进行了回填，故电缆埋深也不明。线路运行时发生接地故障，因是对电厂的供水线路，电厂的冷却水供给需要该线路，故需尽快修复。电缆敷设情况如图 7-105 所示。

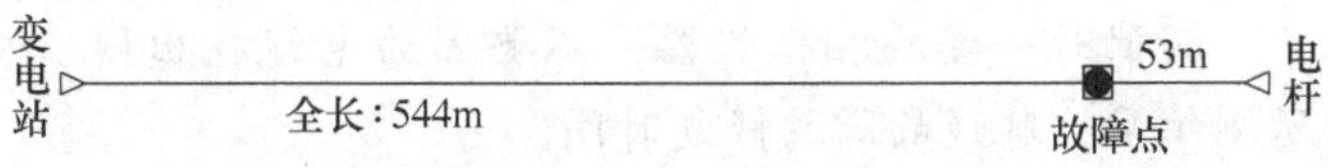

图 7-105　电缆敷设示意图

用兆欧表测试三相对地及相间的绝缘电阻时发现，电缆B相对地绝缘电阻只有5MΩ，判断故障为单相高阻接地故障，需用脉冲电流冲闪法测距。

二、故障测试仪器

T-903A电力电缆故障测距仪、T-504电缆故障定点仪、T-302电缆测试高压信号发生器、2500V兆欧表等。

三、故障测距与定位过程

在电杆端，先用T-903A的低压脉冲法通过A相对金属护层测试，得到电缆全长为544m，如图7-106所示，和资料相符。

然后通过向B相和金属护层之间施加高压脉冲，用脉冲电流的冲闪法测得故障距离为53m，如图7-107所示。

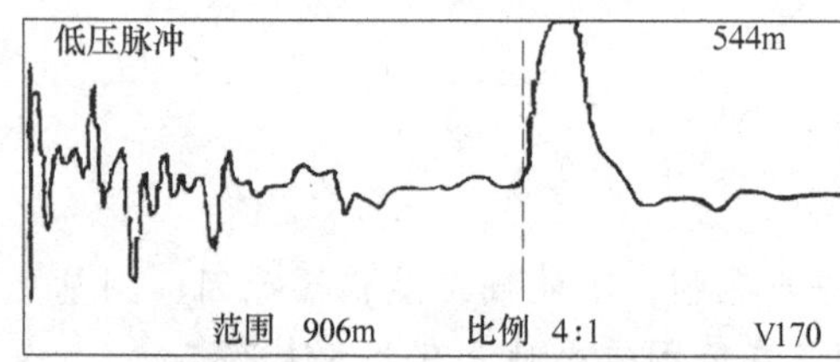

图7-106 电缆全长波形

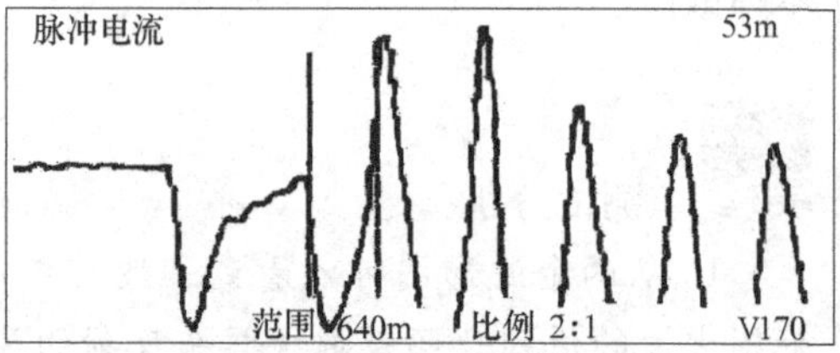

图7-107 脉冲电流测故障波形

因电缆的预留圈已经被挖出（预留较多，3圈多），能很容易地知道电缆53m的位置，同时因故障点在水泥地下，放电声音也较大，在离故障点五六米外就能得到故障点放电的声音波形，挪动声磁探头后，把声磁时间差15×0.2ms的地方定为故障点，故障定点较为简单。同时通过脉冲磁场的正负判断电缆的路径后得知，在故障点处电缆做了个直径为3m左右的半圆形预留，由此判断故障点可能为接头故障。

由于电缆埋设太深，电缆开挖困难，挖掘的过程中又做了多次定点工作，但测试结果没发生任何变化，最后动用了挖掘机，在2m深处挖出电缆并找到故障点，为开放性的接头故障，和测试推理完全符合。

测试体会：

1. 由于测试端电缆预留较多（3～4圈），电缆的电感较大，脉冲电流测得的波形较为复杂，但规律性还是很强的。

2. 所测电缆埋设较深，路径也超出常规，但T-504定点仪都通过声磁波形如实地反映出来了。测试时一定要相信仪器，不要因为电缆挖出困难和别的什么原因而怀疑仪器所测结果，耽误故障的修复时间。

（感谢呼和浩特供电局旧城分局杨喜平先生提供本案例）

案例 31　埋设较复杂的电缆故障探测

一、故障线路情况描述及故障性质诊断

线路名址：淄川盛火电厂　　　电压等级：10kV

绝缘类型：XLPE 绝缘　　　　电缆全长：224m

电缆敷设情况如图 7-108 所示，该电缆线路一端是变电站，另一端是杆塔，在杆塔处因电缆很多，而且不是一次敷设的，使电缆多次被破坏。这些电缆曾经在此地发生过多次故障。

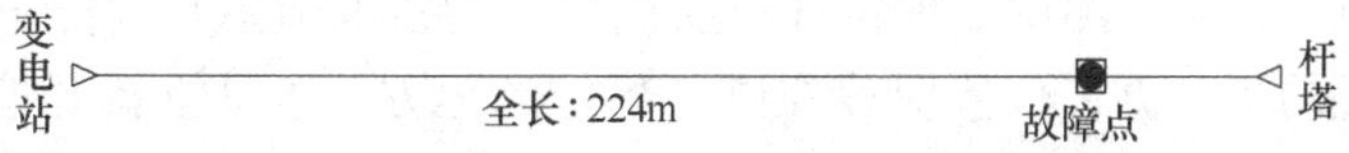

图 7-108　电缆敷设示意图

此电缆为单芯交联聚乙烯电缆，电缆中无金属护层。电缆线路在运行时发生了接地并短路故障，把电缆孤立后，用兆欧表测试电缆的绝缘为：A、C 相对地为 0，B 相对地∞；用万用表测试 A、C 相对地电阻为 2MΩ，A、C 相间为 20kΩ，诊断该电缆发生了多相高阻接地故障。

二、故障测试仪器

T-303 电缆测试高压信号发生器、T-905 电力电缆故障测距仪、T-505 电缆故障定点仪、兆欧表、万用表等。

三、故障测距与定位过程

分析电缆的绝缘情况后发现，这个故障不太好理解。电缆本身是单芯电缆，相间电阻不应小于相地电阻，唯一合理的解释是：电缆 A、C 相在故障点处压在了一起，故障点处电缆线芯外的铜屏蔽被烧了一个洞，使 A、C 相间形成了放电通道。

在变电站，首先通过 B 相对铜屏蔽，用低压脉冲法测得电缆的全长为 224. 4m，如图 7-109 所示。

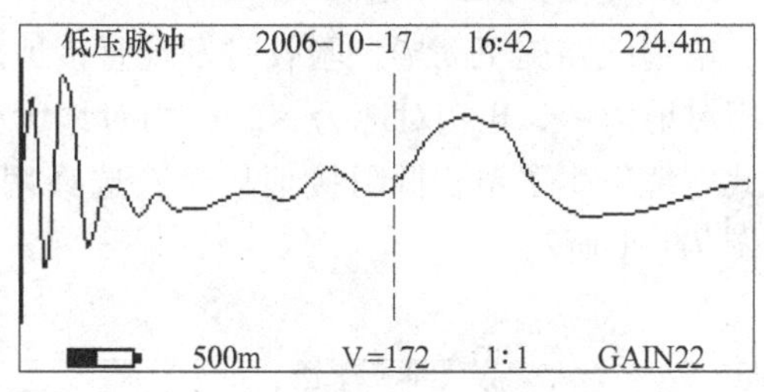

图 7-109　电缆全长波形

然后用高压信号发生器向 A 相和铜屏蔽之间施加高压脉冲，用脉冲电流法测试。测试中发现：所得到的脉冲电流波形很乱，很难理解。于是把高压脉冲换到了 A、C 两相之间，把 C 相近端和工作地连接，测得如图 7-110 所示脉冲电流波形，故障距离为 176. 8m。

据工作人员介绍，电缆在杆塔处预留很多，176m 应该在杆塔的预留圈内。于是把高压信号发生器调至周期放电后，携带 T-505 到杆塔附近寻找故障点，挪动探头后，最后把声磁时间差为 22×0.2ms 的地方定为故障点的位置，此处声磁时间差最小。

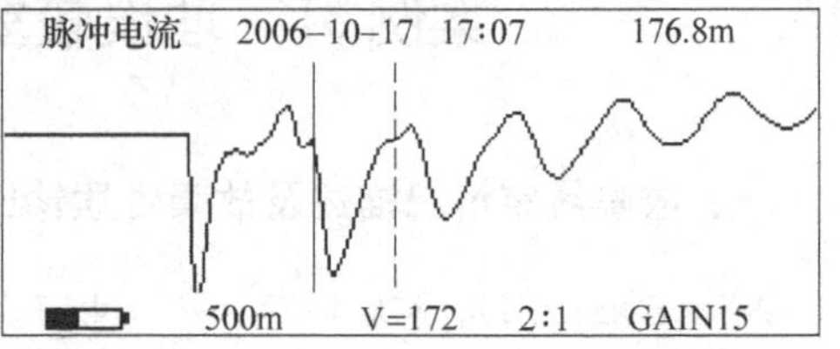

图 7-110　脉冲电流测电缆故障波形

根据经验，在土质比较结实的情况下，这个 22×0.2ms 的声磁时间差有点大，电缆埋设可能比较深或地下发生了其他情况。果然，在开挖后，发现 1m 深处有一电缆，和故障电缆的材质、线径一切情况相同，但电缆上却没有开放性的故障点，用耳朵也不能直接听到放电声，这和开始时的分析有出入。不过如果把探头放到电缆上，用耳机能清楚地听到放电声，这种现象使现场人员认为，故障点离此不远，应该继续向两边挖。当向两边各挖 2m 后，没有找到故障点。这时，测试组重新分析后确定，这条电缆不是故障电缆，故障电缆应该在这条电缆的正下方，位置应该在刚开始挖的地方。于是重新开挖，果然在正下方找到了故障电缆，并发现了故障点，故障点的情况和刚开始的分析相同。重新制做接头后恢复供电。但由于走了弯路，增加了 5h 的挖掘时间。

测试体会：

用声磁同步法定点时，只要是确定找到了声磁时间差最小的点，故障点就应该在该点的正下方，最大误差一般不会大于 0.2m，本次测试中，如果坚信了这一点，就不会走那么大的弯路了。

案例 32　埋设极深的短路故障探测

一、故障线路情况描述及故障性质诊断

线路名称：哈尔滨盟克联通专用线　　电压等级：10kV

绝缘类型：XLPE 绝缘　　电缆全长：1500 m

电缆线路施工完毕，验收时发现有接地故障，用兆欧表测试三相对地绝缘电阻为：A 相对地为∞，B 相对地为∞，C 相对地为 0；用万用表测得 C 相对地电阻为 2Ω，诊断此电缆发生了单相低阻接地故障，选择用低压脉冲法测试故障距离。电缆敷设情况如图 7-111 所示。

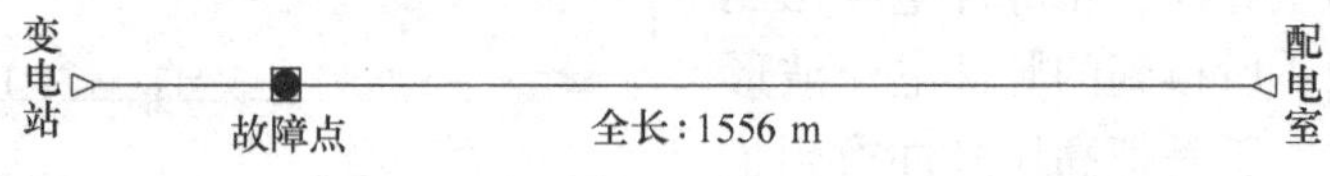

图 7-111　电缆敷设示意图

二、故障测试仪器

组合式高压信号发生器、T-903 电力电缆故障测距仪、Digiphone 电缆故障定点仪、

路径仪、兆欧表、万用表等。

三、故障测距与定位过程

在变电站，用 T-903 的低压脉冲方式，通过 A、B 相间测得电缆全长为 1556m，如图 7-112 所示，和资料基本相符。然后通过 C 相对金属护层测试，得短路故障距离为 96m，低压脉冲故障波形如图 7-113 所示。

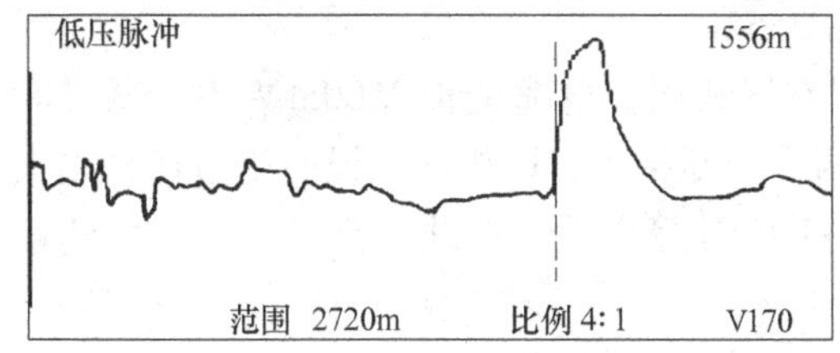

图 7-112　电缆全长波形

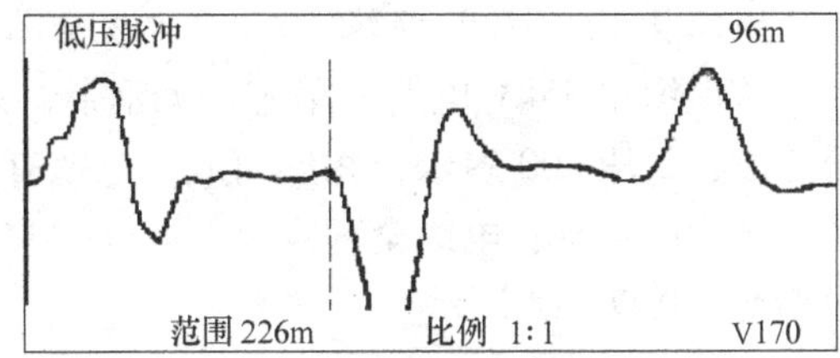

图 7-113　低压脉冲法测故障波形

在向电缆中施加高压脉冲后，携带定点仪到 96m 附近去定点时发现，100m 左右是一条马路，电缆在马路下埋深 6m，是通过 PVC 管敷设的，PVC 管外是水泥管，水泥管外是土质涵洞。根据经验，像这种短路故障，放电声音可能极小，加上套有几层管子，埋深又那么深，用定点仪器定出故障点的可能性很小。果然，在马路上方及左右，反复定点，根本就收不到放电的声音信号。用路径仪的音频信号法定点，在马路之前信号都差不多，马路上由于埋设太深，收不到信号，过马路后信号减弱。

根据上述定点情况，测试组协商后认为故障就在马路下，应该把马路两端电缆锯断，重新敷设一段过路电缆。但由于电缆是刚敷设的，在没有确认故障点确实在马路下的情况下，并不敢贸然锯断电缆。最后测试组决定从马路下掏电缆，看能不能掏到故障点。但马路下电缆很难开挖，从哪侧开始挖呢？

根据经验，像这种用低压脉冲法测得故障距离只有 96m 的故障，由于距离较近，测距的绝对误差很小，一般不会超过 2m。于是先把近端预留挖出，测量电缆到马路的确切距离，看 96m 处具体离马路的哪侧近些。通过测量后发现，电缆 96m 的地方大概在测试端一侧马路内 3m 多深的地方。

从马路近测试端侧往里挖了 2m 多以后，用定点仪听到了电缆放电的声音，确认故障点就在马路下。从马路两端锯断电缆，将其从管内抽出后发现，电缆上被钉了一个钢钉。重新敷设一段电缆，做两个接头，耐压试验后合格。

测试体会：

用低压脉冲法测试故障距离或电缆全长时，如果波速度没有太大偏差，在 1000m 的量程内，测试所得故障距离的误差很小。如果此时无法进行故障定点，可以根据这个特点，用丈量的方法，寻找故障点的位置。

（感谢哈尔滨电缆工区王作君先生提供本案例）

案例33 35kV单芯无钢带电缆故障的探测

一、故障线路情况描述及故障性质诊断

线路名址：利津供电局　　　　电压等级：35kV

绝缘类型：XLPE绝缘　　　　电缆全长：2552m

该电缆是35kV电缆，单芯、无钢带、只有屏蔽层；电缆全长2500m左右，敷设时分三段，每段800多米，相连而成，电缆有两个中间接头，C相在敷设时受过伤，多做了一个中间接头；电缆全程穿厚约8mm左右的PVC管敷设，全线无交叉互连。电缆敷设情况如图7-114所示。

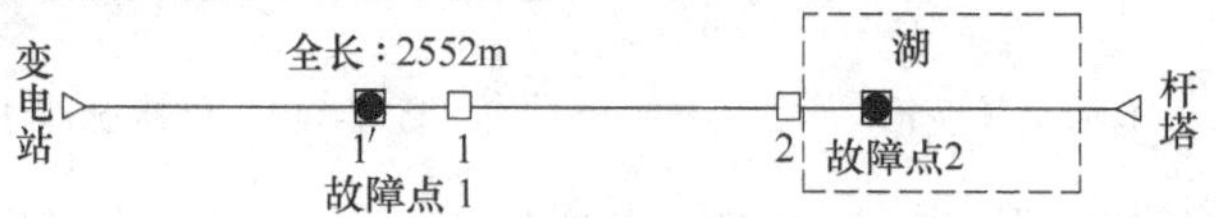

图7-114　电缆敷设示意图

在变电站端，用2500V兆欧表测试电缆的绝缘电阻为：C相对地为0，其余两相对地为∞；用万用表测试得：C相对地10kΩ。诊断该电缆发生了单相高阻接地故障。

二、故障测试仪器

T-903A电力电缆故障测距仪、T-505电缆故障定点仪、T-302电缆测试高压信号发生器、T-602电缆测试音频信号发生器、T-H100电缆护层故障测距仪、2500V兆欧表、万用表等。

三、故障测距与定位过程

1. 第一次测试

在变电站端，通过C相对地（铜屏蔽），用低压脉冲法测试，测得的波形很乱，看不到电缆全长，没有记录。其实在这种情况下，应该通过两相之间测试电缆的全长，但当时没这样做。

然后通过向C相对地之间施加高压脉冲，用脉冲电流法测试，采集到的波形仍然很乱，但偶尔采到图7-115所示的波形，当时分析这个波形认为，电缆的故障点可能在456m处，但因波形太乱不敢肯定（事后判断：通过这个波形分析不出456m有明显故障）。

通过了解，电缆在500m左右的地方曾因受伤，制作过一个中间接头，于是到该处用T-505去定点，因该处是后做的电缆接头，是直埋敷设的，通过声磁同步法很容易就找到了一个发出放电声音的点，但声音不大。挖开后，是一冷缩接头，再通过加高压验证，接头内的确有放电声。剖开接头，看到了黑色的放电痕迹；锯断后，向两端进行绝缘测试，发现到杆塔方向，C相对地仍然为10kΩ。此时天色已晚，本次测试停止。

2. 第二次测试

在锯断处，用低压脉冲法通过C相对铜屏蔽向杆塔方向和变电站方向各测一个波形，比较后得图7-116所示波形，显示故障距离在向杆塔方向32m处。用定点仪到32m处去定点，没得到声磁同步波形，但能听到微弱的放电声音。挖开电缆，剖开PVC管，电缆表面完好，看不到有放电的地方，但用定点仪的确能听到电缆内的放电声音。根据经验，强行送电后，故障点应该为开放性的，不应该为封闭性的，所以没再锯断电缆。

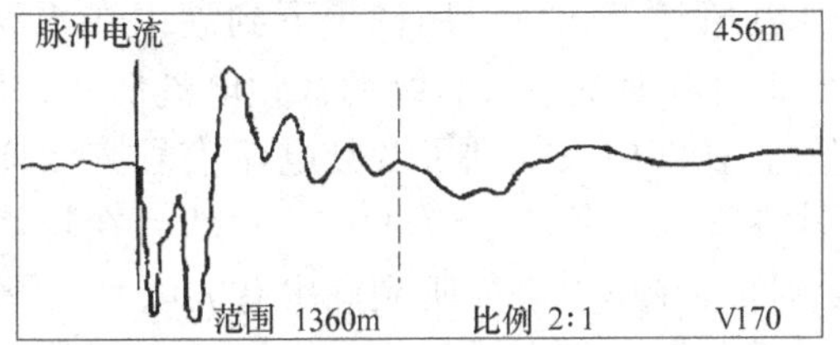

图7-115 在变电站，用脉冲电流法通过，C相对铜屏蔽测得的波形

根据经验，这根35kV单芯无钢带电缆的铜屏蔽可能存在叠盖压接点，随着电缆运行时间增长，铜皮表面氧化，铜皮压接点处就会有较大的接触电阻。如果用低压脉冲法测试，该点呈开路；如果用脉冲电流冲闪法测试，该点也会放电，和真正要寻找的故障点的放电波形叠加后，使波形很乱，不易理解。分析后认为，对于这种电缆的故障，应选用电桥法测试故障距离，但现场没有电桥。

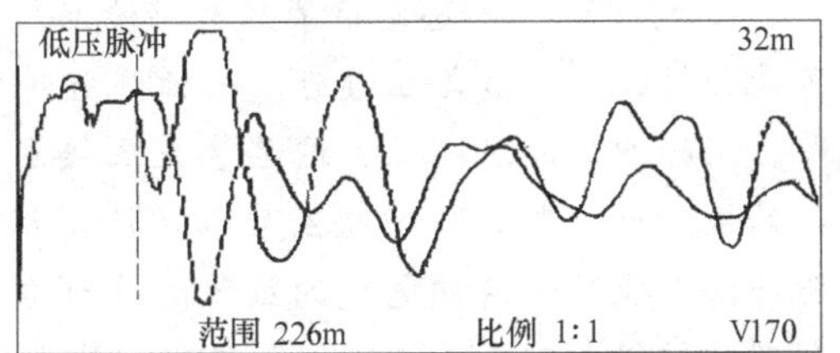

图7-116 在锯断处，用低压脉冲法通过，C相对铜屏蔽测得的比较波形

在没有测准故障距离的情况下，在断开处，用T-602向C相和铜屏蔽之间注入音频电流信号，虽然故障电阻比较大，但发现发生器在断续状态下，电流表有0.1~0.2A的摆动，说明信号已经加入到电缆中（估计是电缆的分布电容与故障点处的电容引起的），在故障点处收听到的音频电流信号应该比路径上其他地方强一些，找到这个音频电流信号比较强的点也就找到了故障点。由于电缆比较长，又不知故障距离，盲目地沿路径寻找音频电流信号突变点的过程十分漫长，在碰到电缆路径上有一宽近200m的湖时，绕了过去，最后没有找到这个音频电流信号突变的点。天色已晚，测试暂告一段落。

3. 第三次测试

第三次测试前把断开点恢复了，在杆塔处把电缆也放了下来，并且还带去了一台T-H100——用直流电阻法测量电缆故障距离的仪器。

首先在杆塔下测试，通过A、B相间，在波速度为170m/μs时，用低压脉冲法测得电缆全长为2552m（波形没有打印），和资料基本相符；然后在变电站端把B相对地做了一个故障，用A相做测试联络线，在变电站端和B相连接，在杆塔下用直流电阻法测得电缆全长电阻为233.7mΩ；然后又用A相做测试联络线和C相连接，在杆塔下用直流电阻法测得故障点到杆塔这段电缆的电阻是47.6 mΩ，于是47.6 ÷ 233.7 × 2552m = 520m，得故障距离为离杆塔520m。然后把设备移到变电站端测试，测得故障点到变电站这段电缆的电阻是184.1 mΩ，计算后得故障距离为2010m，两个距离相加基本等于电缆全长，于是确定故障点就在距杆塔520m左右的地方。

电缆从400～600m这一段是从湖中穿过的，在湖中电缆旁正好有一露出水面的大水泥管道，人可以用梯子下到湖中在水泥管道上进行故障定点测试。首先还是用T-602向电缆中注入断续的音频电流信号，用T-505的音频接收方式接收该音频电流信号，在湖中央找到了音频电流信号突然增强的点（其他地方音频电流信号的辐值都小于36%，而该处为99%）；然后在杆塔下又用高压信号发生器向电缆中施加高压脉冲，在岸上就能听到湖中有放电声，最后用T-505的声磁同步方式找到了故障点的精确位置。把电缆从水中捞出后发现，电缆线芯几十厘米内已经烧的没有了，只有部分铜屏蔽还连着。

测试体会：

1. 对于这种单芯无钢带只有屏蔽层的电缆，如果屏蔽层是铜皮，在电缆中就可能会有铜皮的叠盖压接点。用低压脉冲法测试这些叠盖压接点可能会表现为开路；用脉冲电流法测试，这些叠盖压接点也可能会放电，其放电脉冲和真正要寻找的故障点放电的脉冲相互叠加，使得用仪器得到的波形较难理解，所以，有时脉冲法不能测试这种电缆的故障。这种电缆的故障最好选用电桥法测试，特别是用不受接触电阻影响的直流电阻法测试最好。

2. 测试前要尽量充分了解电缆的情况，对电缆的路径敷设情况也要了解清楚。如本例中，如果早知道湖中能下去人，也就不用第三次测试了。

3. 如果故障点处的电缆浸泡在水中，向电缆中加压使故障点放电时，会产生多点放电现象，采集到的脉冲电流波形也会比较乱。

案例34　66kV电缆T形接头线路主绝缘故障的探测

一、故障线路情况描述及故障性质诊断

线路名址：哈尔滨经北线　　　　电压等级：66kV

绝缘类型：单芯XLPE绝缘　　　　绝缘电阻：16Ω

1. 电缆事故描述

为了满足日益增长的供电需求及保证供电的可靠性，哈尔滨供电公司决定在已经运行10年的经纬变到北马变的线路上向中央变新敷设一条分支电缆线路，分支线与经北线之间采用T形接头形式连接。做好接头后，进行耐压试验时，因为有新旧两种电缆，经协商定为：如果电缆及T形接头能够在额定电压下运行24h则视为合格。电缆敷设情况如图7-117所示，其中1#、2#、4#、5#为交叉互连接头，3#为直通接头，A为T形接头。

在北马变将经北线开关合上，1h后发现C相发生接地故障，电压降至2000V。调度通知电缆工区查找故障。

2. 故障性质诊断

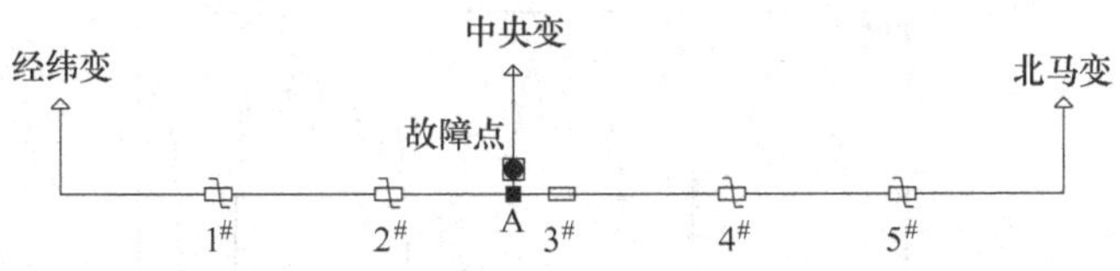

图 7-117　电缆敷设示意图

电缆工区试验班赶到现场后，首先在经纬变侧对经北线 C 相进行绝缘测试。发现 C 相的绝缘只有 16Ω，诊断为单相低阻接地故障，应选用低压脉冲法测试故障距离。

二、故障测试仪器

T-903 电力电缆故障测距仪、组合式高压信号发生器、兆欧表、万用表等。

三、故障测距与定位过程

为使故障测试能够顺利进行，需要将直通接头（3#）的接地打开，另外四个绝缘交叉互连接头的金属护套由交叉互联改为直通。由于 4#、5#两个接头的接地箱因道路施工等原因无法打开。为了抢时间，决定在暂时不打开 4#、5#接地箱的情况下对电缆进行测距。首先，采用低压脉冲法测距，在波形上无法看到故障点。后改为用脉冲电流法测距，对电缆进行冲闪放电，得到的脉冲电流波形比较混乱，判断困难，虽然有几个怀疑点，经听测均不是故障点。

因为在电缆送电前，我们为了观察和保留带 T 形接头电缆线路的正常波形，曾经在北马变侧对该线路采集了完整的低压脉冲波形（见图 7-118）。所以决定第二天到北马变侧采集波形与之进行比较，同时要求务必将 4#、5#接地箱的交叉互联改为直通。

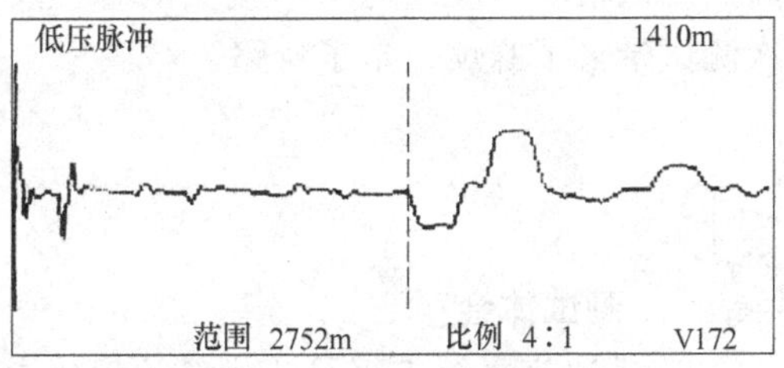

图 7-118　电缆 T 形接头反射波形

将在北马变采集的故障波形与正常波形比较后，仍无法判断故障点的位置。这时 4#、5#接地箱的接地线已经改为直通，经协商决定在经纬变侧继续对电缆加压冲闪。这时，大家突然想到 T 形接头的地线没有处理，因此，冲闪前要求在 T 形接头处先将经纬变至中央变的地线打开，而与北马变的连接保持。同时考虑到由于阻值较低（16Ω），曾采用音频感应法及高阻定点法均不理想，故决定加大冲击能量改变故障电阻，随后再对电缆进行冲闪测试。电压升至 25kV 时球间隙放电，但声音不大，同时脉冲电流法没有采到故障波形，凭经验判断故障点没有放电或故障点不在经北线线路上。降压放电后，在 T 形接头处先将经纬变至中央变的地线接上，将经纬变至北马变的地线打开。再次对电缆加压冲闪，电压升至 25kV 时球间隙放电声音巨大，同时脉冲电流的波形显示出故障点距经纬变 1421m，如图 7-119 所示。由此判断故障点在新敷设的分支线路上。经声磁同步精确定点在距经纬变 1420 m 处找到故障点。故障点距 T 形接头 28. 5m 左右，由外力破坏引起的。

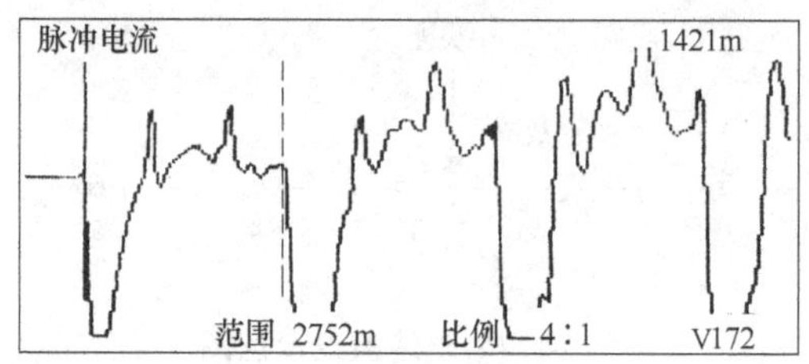

图 7-119 脉冲电流测故障波形

四、事后分析

此次故障接地电阻仅为16Ω，采用低压脉冲法应该直接可以看到故障波形，而为什么最初却没有看到故障点呢？

这是因为对T形接头电缆来说，T形接头的出现主要相当于在T接处增加一个较大的电容（当然也有一小部分电感，我们此次忽略不记），大电容对于低压脉冲信号相当于短路。

同时由于本次测试线路较长，仪器采用的范围是2752m，波速度为172m/μs，这时的脉冲宽度为640ns，这样一个脉宽的距离为：$X = 0.64 \times 172/2\text{m} = 55\text{m}$。也就是说在这个范围内若同时有两个故障波形反射，这两个故障之间的距离应大于55m，否则第一个波形就会和第二个波形叠加到一起。而此次故障点与T形接头只相距28.5m，其故障点的低阻反射波因与T形接头的容性反射波相叠加而被掩盖，没有显示出来，给此次测试带来了麻烦，走了弯路。

测试体会：

1. 通过此次带T形接头线路故障的查找，发现首先经改变T形接头处地线的连接方式，判断故障点的方向，对故障查找较为便捷。当故障点完全击穿放电时，即使T形接头处没有改变地线连接方式，通过脉冲电流法、二次脉冲法，均可轻松得到较为标准的波形。

2. 在这种故障点接地电阻很低而音频感应法又不太好用时，通常可以通过改变护套的接地方式，向护套中施加高压脉冲，对大地放电，再用声磁同步法精确定点。故障定点仍然困难时，可用跨步电压法判断一下故障的大致位置，以缩小故障的定点范围。

3. 存在交叉互联接地装置的单芯电缆，在查找故障时务必先将护套的交叉互联改为直通连接，直通头的接地线亦应打开。

4. 要加强运行维护管理工作。不管存在什么因素，电缆在投运前一定要采取相应的交接试验，未投运的线路也要加强巡视。

（感谢哈尔滨电缆工区王作君先生提供本案例）

案例35　220kV电缆主绝缘故障的探测

一、故障线路情况描述及故障性质诊断

线路名址：华能辛店发电厂　　　　电压等级：220kV

绝缘性质：XLPE绝缘　　　　　　电缆全长：253m

电缆敷设情况如图7-120所示，此电缆是从电厂六号机组升压变压器到高压输出母线的一段连接电缆，电缆在运行中发生接地跳闸事故，用兆欧表测试三相对地绝缘电阻为：B、C相对地为∞，A相对地为0，用万用表测试A相对地电阻为2MΩ，诊断该电缆发生了单相高阻接地故障。

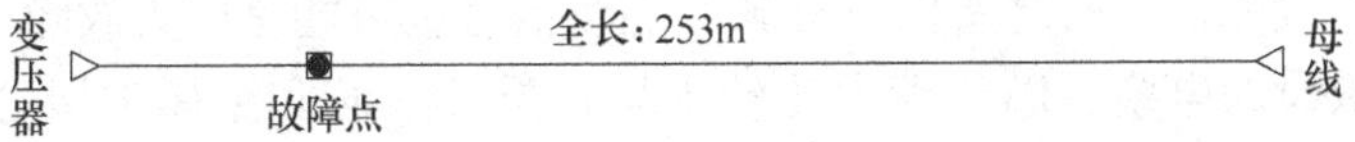

图7-120　电缆敷设示意图

二、故障测试仪器

T-303电缆测试高压信号发生器、T-905电力电缆故障测距仪、T-S100二次脉冲信号耦合器、T-505电缆故障定点仪、兆欧表、万用表等。

三、故障测距与定位过程

在母线排连接处，通过A相对金属护层用T-905的低压脉冲法测得电缆的全长为253.3m，波形如图7-121所示，和资料相符。

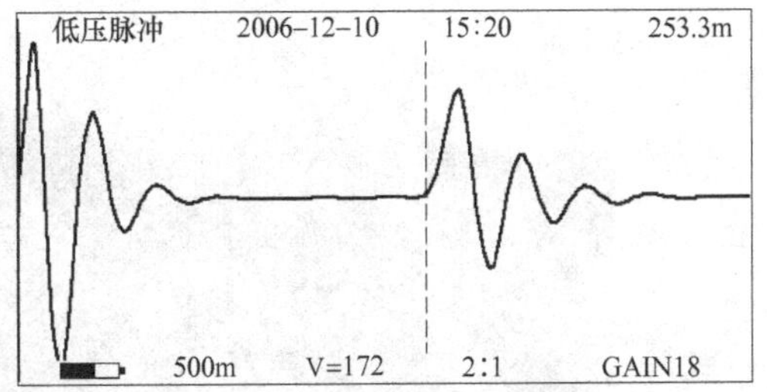

图7-121　电缆全长波形

然后把T-303、T-S100和T-905组合连接后，通过A相对金属护层用二次脉冲法测试，得到图7-122所示的二次脉冲波形，测得电缆的故障距离为115.2m。为了验证二次脉冲测得的距离，撤下T-S100，又用脉冲电流法测试，得到图7-123所示的脉冲电流波形，故障距离为116.9m。综合分析后，认为故障点应该在115 m的地方。

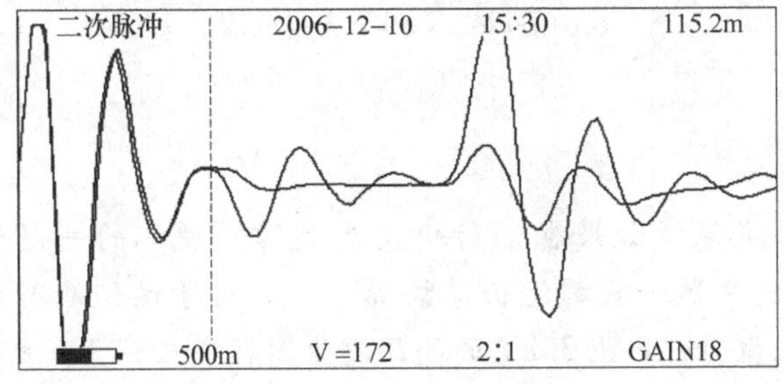

图7-122　二次脉冲法测试电缆故障波形

用T-303向电缆的故障相和金属护层之间施加周期性的高压脉冲，携带T-505到115m附近进行定点时发现，仪器接收不到脉冲磁场信号，把对端的金属护层同工作地直接连接后，仍然接收不到脉冲磁场信号。于是只好用声测法沿电缆的路径到115m附近寻找故障点，最后在一道路上听到了故障点放电的声音，移动探头后找到了放电声音最大的点。挖开后，破开PVC管，看到了开放性的故障点。电缆故障情况如图7-124所示。

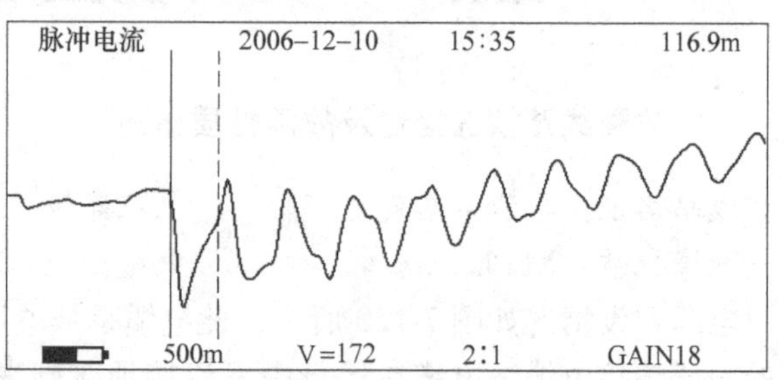

图7-123　脉冲电流法测试电缆故障波形

事后分析：故障定点时之所以没有脉冲磁场信号，可能是因为故障点在PVC管内，由于电缆为新敷设的电缆，PVC管内比较干燥，虽然线芯和金属护层之间在故障点处放电，但和大地之间并没有导通，高压信号发生器从线芯输出的电流，都从金属护层回来了，大地上没有电流通过；同时电缆为单芯同轴电缆，线芯电流产生的磁场和金属护层产生的磁场幅值相同、方向相反，相互抵消，所以没有脉冲磁场信号。

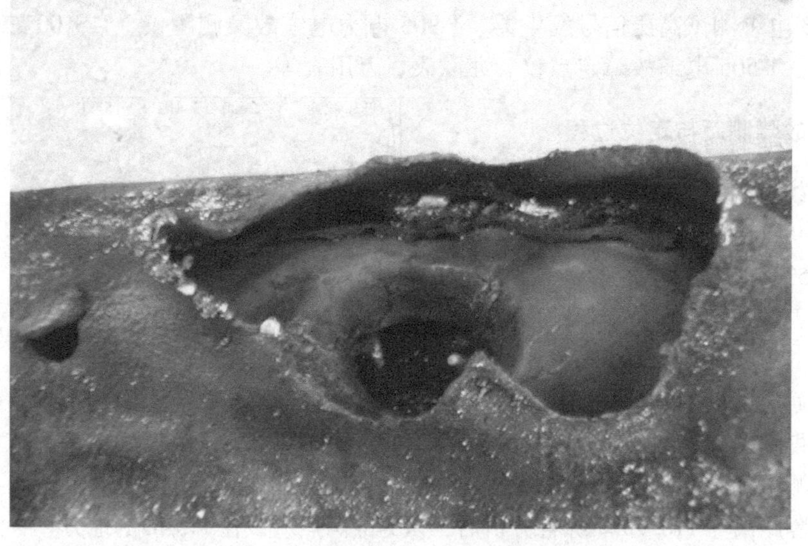

图7-124　220kV电缆故障

测试体会：

超高压电缆的主绝缘如果在运行中发生故障，破坏的一般会比较严重，用30kV的高压信号发生器一般都能击穿故障点。而对于做试验时发现的超高阻故障，只要多做几次试验，再用30kV的高压发生器就能击穿了。所以，测试超高压电缆主绝缘故障，一般并不需要太高电压等级的高压信号发生器。

第八章　低压电缆故障测试案例

1. 低压电缆的基本情况与故障特点

1）这里讲的低压电缆指的是1kV及以下等级的电缆，这种电缆一般由4相组成——A、B、C和零相（D相），发生的故障一般为某相对零相的故障。有时也出现单相对金属护层的故障，但由于电缆的金属护层两端一般不接地，发生这种故障时也可以运行，只是可能会引起较多的电力泄漏。如果金属护层外的绝缘存在较严重的损伤现象，发生了金属护层对大地的低阻故障，电缆就不能运行了。

2）低压电缆分为有金属护层和无金属护层两种。敷设时中间接头的金属护层一般也不相互连接，如果发生单相对金属护层的故障并需要查找时，可能会因护层的不连续而引起测试上的困难。金属护层在两端一般不接工作地，用声磁同步法定点时，必须把金属护层两端接到工作地上，否则将可能没有磁场信号。

3）电缆的绝缘比较薄，故障电阻一般比较低，容易发生低阻和金属性短路故障。因电缆能承受的电压比较低，在确定有故障点的情况下，向电缆中施加的电压脉冲一般不要超过6 kV。

4）低压电缆做接头的工艺要求不太严格，敷设也比较随意，接头故障和外力破坏比较多、开放性故障比较多。

2. 测试方法

（1）故障测距　低压电缆发生低阻故障的概率较大，50%左右的故障用低压脉冲法或低压脉冲比较法就能测出故障距离。对于用低压脉冲法不能测试的高阻故障，可使用脉冲电流法测距。但由于低压电缆衰耗较大，放电电弧存在时间较短，脉冲电流行波很难形成几个周期的反射，仪器能接收到的波形往往只有发射脉冲与故障点的放电脉冲两个波形，而且波形也相对比较乱，不太容易分析，测试时一定要注意。

（2）故障定点　虽然低压电缆的故障电阻较低，但向故障电缆中施加高压脉冲时一般也会产生放电声音。在实际工作时，可以考虑增大电容的电容量，通过低电压大电容的方式来提高故障点放电声音的强度，用声测法、声磁同步法一般都能找到故障点。对于加高压脉冲不能产生放电声音的金属性短路故障，可以用音频信号感应法定点。

由于低压电缆大都采用直埋敷设，产生的故障点也大都是开放性的，并且低压电缆一般都不太长，用带故障点方向指示的以跨步电压法为工作原理的仪表查找故障点也会比较方便。

案例1 因施工工艺不良产生多点故障的电缆故障探测

一、故障线路情况描述及故障性质诊断

线路名址：职业学院两线路　　　　　　电压等级：380V

绝缘类型：PVC 绝缘　　　　　　　　　电缆全长：519m/604m

电缆敷设情况如图 8-1 所示，这两条电缆是为学院实习车间与机械厂生产车间供电的电缆。两条线路在敷设时，由于抢工程进度，没有遵守电缆的施工规程，动用了铲车，使电缆多处受伤，简单处理后投入了运行，在运行中发生了接地故障。

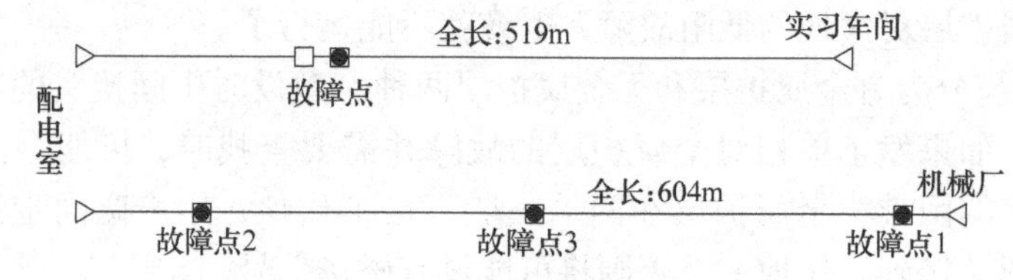

图 8-1 电缆敷设示意图

故障发生后曾经用跨步电压法查找故障点，在挖掘了多处后，找到向实习车间供电电缆的一个故障点。处理该点故障后，电缆的绝缘仍然很低，不能投入运行。

专业技术人员到达现场后，用兆欧表测试实习车间电缆线路的绝缘电阻为：A、C 相对零相为 20MΩ，B 相对零相为 0；用万用表测试得：B 相对零相为 20kΩ。用兆欧表测试机械厂生产车间电缆线路的绝缘电阻为：三相对零相都为 0；用万用表测试得：A 相对零相为 11kΩ，B 相对零相为 54kΩ，C 相对零相为 4kΩ。

二、故障测试仪器

T-100 电缆测试高压信号发生器、T-905 电力电缆故障测距仪、T-505 电缆故障定点仪、兆欧表、万用表等。

三、故障测距与定位过程

1. 实习车间线路的测试

在配电室，首先通过 A、C 相之间，用低压脉冲法测得电缆的全长为 519m，波形如图 8-2 所示。

然后把电缆的钢铠裸露出并和零相连接，用 T-100 向 B 相和零相之间施加高压脉冲，用脉冲电流法测得图 8-3 所示的电缆故障波形故障距离为 110m。

根据电缆多处受伤的现实情况，在向电缆中施加高压脉冲时，电压是从小到大试着一点一点地提高的，在 3000V 时，电压表指针的摆动和测距仪的波形都表示故障点已充分放电。为保证放电的能量，选用的是 10μF 的电容。

100m 处是曾经用跨步电压法测得的故障点处，本次测距结束后以为是那个接头没有做好，但携带 T-505 到该接头处定点时发现不是这个地方，用声磁同步法探测后，在

距该接头 10 多米的地方找到了故障点。

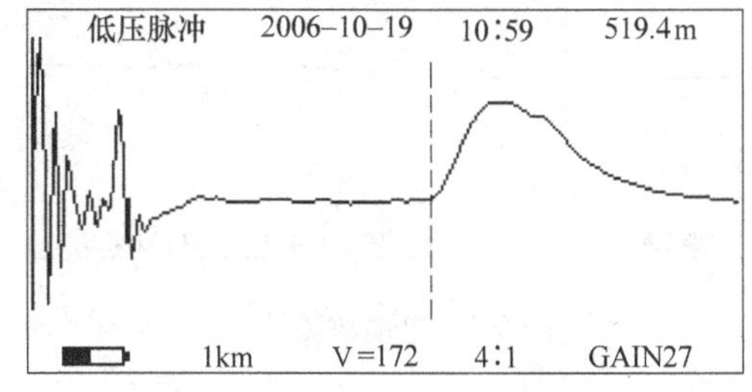

图 8-2　电缆全长波形

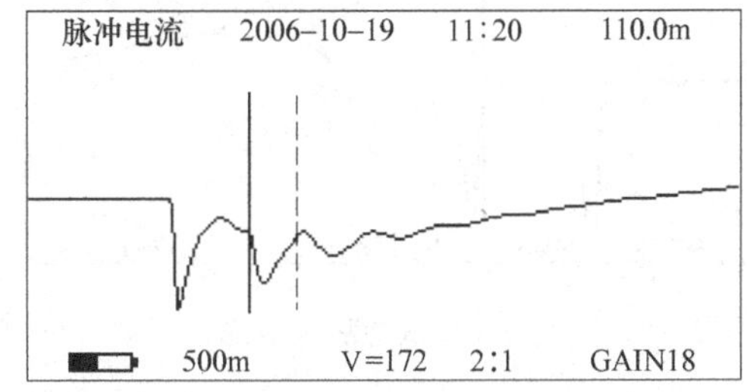

图 8-3　电缆故障波形

挖开后，处理完故障点，恢复供电。

2. 机械厂生产车间线路的测试

同样在配电室，通过 A、B 相间测得电缆的全长为 603. 7m，如图 8-4 所示。

把零相和电缆的钢铠连接后，用 T-100 向 A 相和零相之间施加高压脉冲，用脉冲电流法测得电缆的故障距离为 591. 6m，如图 8-5 所示。

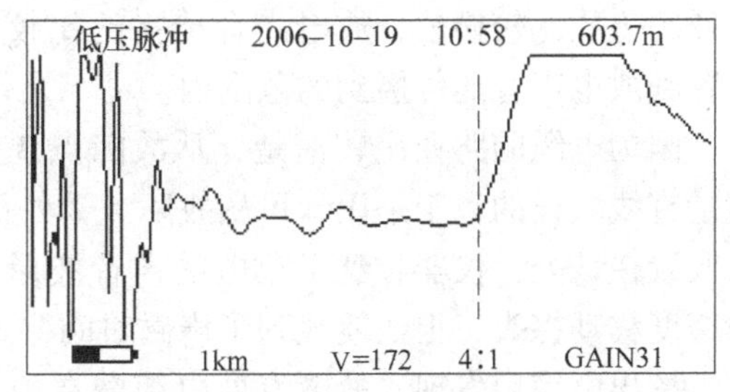

图 8-4　电缆全长波形

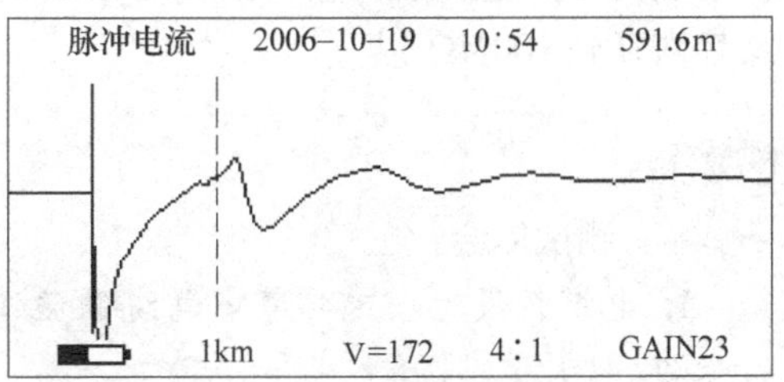

图 8-5　电缆故障波形

携带 T-505 到对端十几米处去定点，轻松就找到了故障点 1 的位置，挖出电缆后，发现故障为外力破坏引起的。

处理完故障点 1 后，重新测试电缆的绝缘，发现 A 相对零相绝缘恢复至 1MΩ、B 相对零相仍为 54kΩ、C 相对零相仍为 4kΩ，说明电缆还存在其他的故障点。

用 T-100 向 B 相和零相之间施加高压脉冲，用脉冲电流法又测得电缆的故障距离为 58. 4m，如图 8-6 所示。

同故障点 1 一样，由于路径比较明确，并且距离比较近，寻找故障点 2 的过程也十分轻松。故障点 2 也是外力破坏引起的。

把电缆从故障点 2 处锯开后，没有做中间接头，直接在锯开处向机械厂方向测试电缆的绝缘电阻为：A 相对零相为 100MΩ，B 相对零相为 2MΩ，C 相对零相为 80kΩ，说明电缆仍存在其他的故障点。

于是在故障点 2 处又用脉冲电流法通过 C 相对零相测试，得故障距离为 295. 8m，波形如图 8-7 所示。但在向 C 相和零相之间施加高压脉冲时发现，当脉冲电压低于 5kV 时，故障击穿不太充分，得到的脉冲电流波形也非常乱。当提高脉冲电压至 6kV 时，才得到图 8-7 所示的波形。

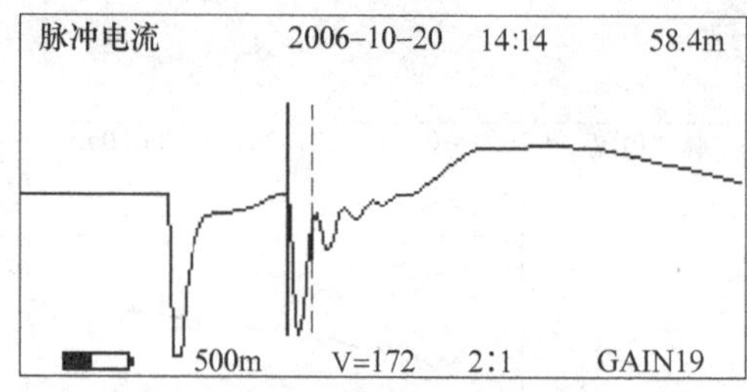

图 8-6 电缆故障波形

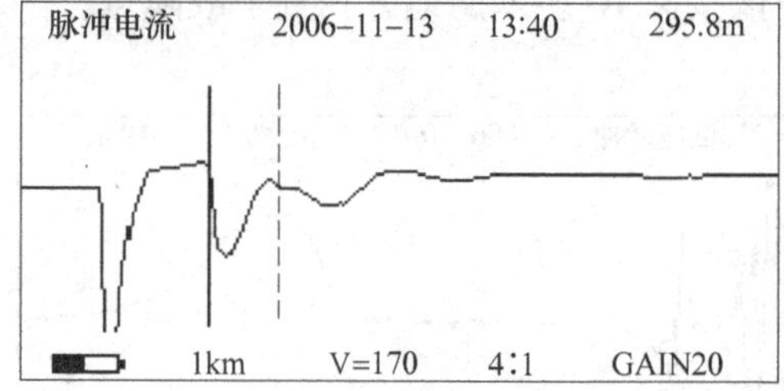

图 8-7 电缆故障波形

寻找故障点 3 的过程比较漫长。原因之一是：图 8-7 所示的脉冲电流波形不太典型，虚光标位置不容易准确标定，是单纯依靠经验放置的，也就是说，测距所得 295.8m 的故障距离具体会有多大的误差，当时也不敢确定。原因之二是：现场的风很大，风把探头和探头的引线吹得乱动，对仪器的干扰很大，使得多次从故障点 3 的上方经过，都没发现故障点。原因之三是：295.8m 不是一个靠目测就能比较精确得到的距离，刚开始定点时，选择定点的范围比较大，移动探头的跨度也比较大，而且故障点处的土质比较松软，放电声音传播的比较近，虽多次经过故障点，但都没有把探头放置到放电声音能传播到的范围内。

因为电缆的路径比较清楚，从故障点 2 处到机械厂这段电缆，中间没有预留，电缆是直线敷设的。于是用米尺从故障点 2 处往机械厂方向丈量，找到了 296m 处，把探头放置在该处，仪器收到了放电的声音波形，在风的间歇时间段，左右两三米范围内小跨度移动探头，很快就找到了声磁时间差最小的位置。

挖出电缆后发现，故障点处电缆曾在施工时被大面积破坏过，当时做过一定的修复，电缆内有大量的水，金属护层的断裂处有放电的痕迹。修复该处后，电缆的三相绝缘都恢复到 100MΩ 以上。

测试体会：

1. 电缆敷设时一定要遵守电缆的施工工艺规程，否则就可能给运行带来一定的麻烦。

2. 测试机械厂电缆时，曾一度怀疑高压脉冲会伤害电缆，持续测试下去可能会连续不断产生新的故障点，直到电缆完全报废，但当修复完第三处故障，绝缘恢复至 100MΩ 后，才相信了只要有放电的故障点存在，高压脉冲就不会伤害电缆这个理论。

3. 查找故障时，最好能根据故障距离，先丈量一下故障点的大致位置，这样可减少故障定点所花费的时间，提高故障的修复速度。

4. 故障点处有大量水时，放电的脉冲电流波形一般不规则，放电延时也比较长。

案例 2　大面积硬化的电缆故障探测

一、故障线路情况描述及故障性质诊断

线路名址：上海宝钢　　　　　电压等级：380V

绝缘类型：PVC 绝缘　　　　　电缆全长：184m

电缆敷设情况如图 8-8 所示，此电缆线路是带有钢铠的 380V 电缆，在运行时发生故障，把电缆两端同其他连接设备断开后，用兆欧表测量各相之间以及各相对地的绝缘电阻都为 0，换万用表测试为：A 相对地 5kΩ，B 相对地 30kΩ，C 相对地 20kΩ，零相对地 50kΩ，确诊该电缆发生了多相高阻接地故障，应以脉冲电流法测试为主。

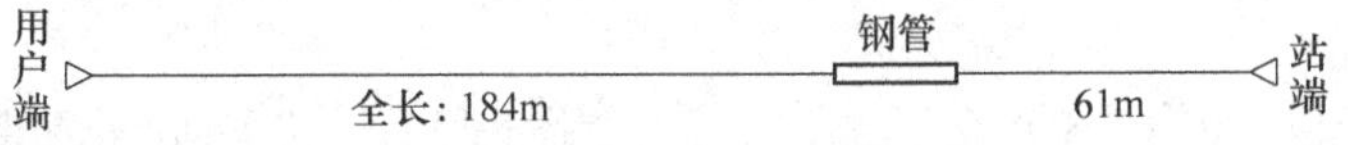

图 8-8　电缆敷设示意图

二、故障测试仪器

T-902 电力电缆故障测距仪、T-301 电缆测试高压信号发生器、兆欧表、万用表、直流电桥等。

三、故障测距与定位

图 8-9 所示的波形是通过 B 相和零相之间在用户端测试的全长波形，根据用户提供的资料，测定波速度为 160m/μs，全长为 184m。但从这个波形图上看，电缆的实际全长应该大于 184m，图中虚光标放置的位置不太正确。

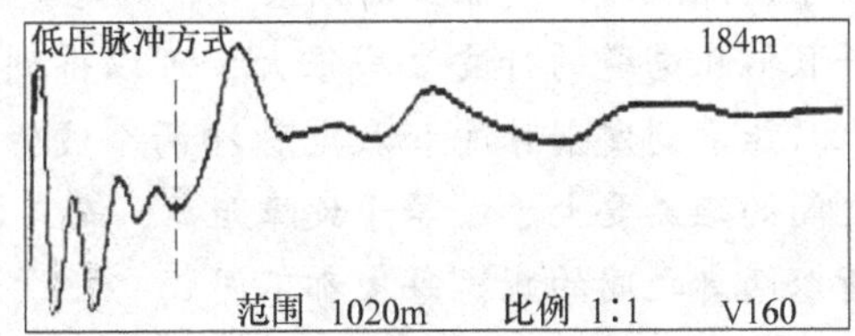

图 8-9　电缆全长波形

然后在用户端向 A 相对金属护层之间施加高压脉冲信号，看到 T-301 的电压表迅速回摆，得到如图 8-10、图 8-11、图 8-12 所示的脉冲电流波形，从这三个波形图来看，虽然故障点已被击穿，但放电弧光存在的时间太短，放电产生的电流行波脉冲不能形成多次反射，并且这三次测得的波形都是远端反射放电产生的，虚光标所在位置的波形是全长反射，如果 160m/μs 的波速度正确，全长应为 216m 左右。

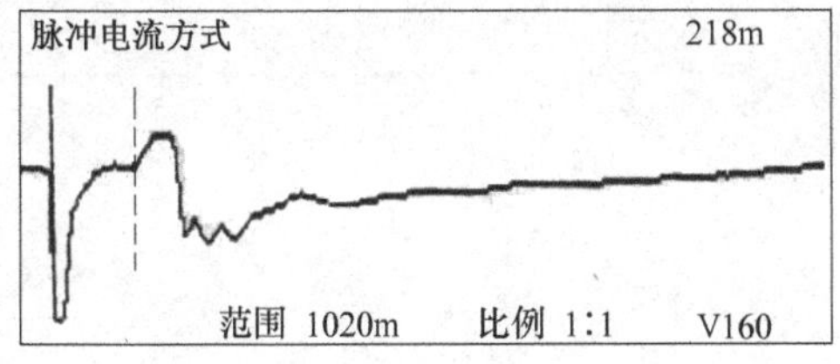

图 8-10　电缆故障波形

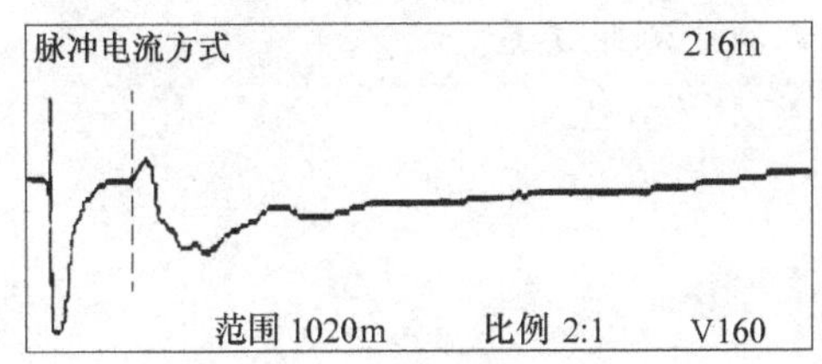

图 8-11　电缆故障波形

到站端用直流电桥测试绝缘电阻：A 相对地为 7kΩ，B 相对地 50kΩ。将用户端缆芯 A、B 相短接，用直流电桥正反接法测试后得到故障距离为离站端 61. 6m。

然后又回到用户端在 A、B 相间进行冲击放电，得到如图 8-13 所示的脉冲电流波形，从图上可以看出，A、B 相间故障点已击穿放电，并且放电脉冲产生了多次反射，故障距离为 132m，与电桥法测试结果综合考虑后，认为故障点应该在离站端六七十米的电缆沟内。

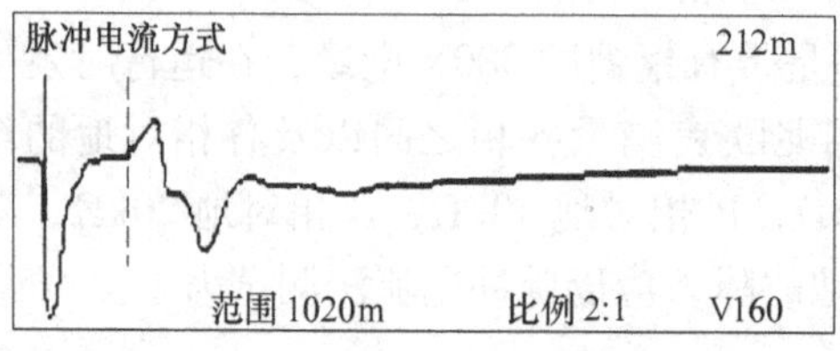

图 8-12　电缆故障波形

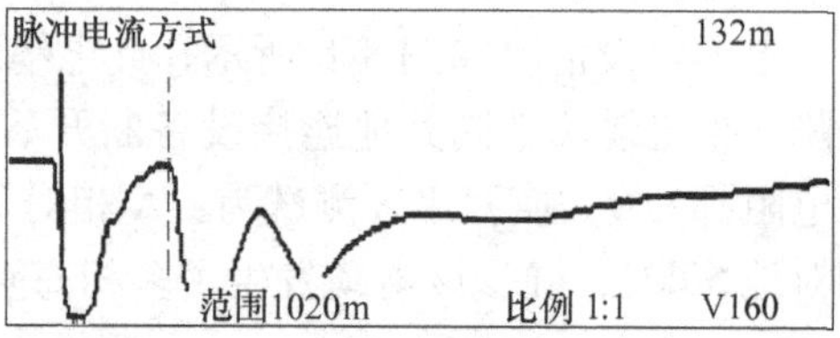

图 8-13　A、B 相间放电测得的故障波形

打开 60 多米处的电缆沟盖板，把电缆暴露后发现，该处电缆穿了一段铁管，能直接听到铁管内轻微的放电声。后改用 C 相对金属护层之间施加高压脉冲信号，放电声增强，在钢管内传出很大振动声，确定故障点就在铁管内。

后处理电缆时发现，在铁管前后几十米内的电缆都很硬，内外绝缘护层都硬化了，之后对全线进行了更换。

测试体会：

1. 对低压电缆加冲击高压使故障点击穿放电时，通常会产生本案例的情况。由于故障点放电的弧光时间太短，放电产生的行波还来不及反射，弧光就熄灭了，并且低压电缆的行波衰减很大，可以得到的反射脉冲信号往往幅值很小，使波形上只能看到发射脉冲和放电脉冲两个波形，又由于放电延时的存在，这两个波形之间的距离要大于或等于故障距离，而又由于每次放电的延时时间均不完全相同，所以两者之间的距离每次都不同。

2. 对这种故障的测试，一般有两个解决方法：一是换两相之间进行冲闪测试；另一个是多冲闪几次，多次冲闪后放电延时逐渐会减小至接近零，这样发射脉冲和放电脉冲波形之间就接近故障距离了。

3. 对这种故障也可采用电桥法测试，使之同脉冲电流法测试的距离相参考，以减小测距误差。

案例3　放电后绝缘恢复的低压电缆故障探测

一、故障线路情况描述及故障性质诊断

线路名址：上海煤气厂　　　　电压等级：380V

绝缘类型：油浸纸绝缘　　　　电缆全长：185m

该电缆已投运几十年，运行中发生故障并中断供电。将电缆线路两端终端头同其他设备断开后，经对地绝缘测量：A 相 500Ω，B 相 2kΩ，C 相 20kΩ，零相 1kΩ，判定电缆发生了多相对地故障。电缆敷设情况如图 8-14 所示。

图 8-14　电缆敷设示意图

二、故障测试仪器

组合式高压信号发生器、T-902 电力电缆故障测距仪、兆欧表、万用表等。

三、故障测距与定位过程

在变电站端，通过 A 相对金属护层用低压脉冲法测全长为 188m，如图 8-15 所示。

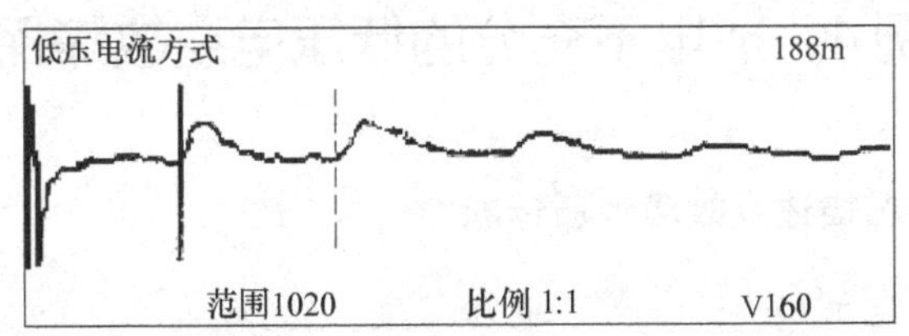

图 8-15　A 相对金属护层测电缆全长波形

再通过向 B 相对金属护层之间施加冲击高压后发现，电压表只回摆两次后就摆动很小了，用兆欧表对 B 相复测后发现绝缘电阻升高至正常值，也就是说故障点只放了两次电，然后绝缘就恢复了。放电期间用 T-902 得到了如图 8-16 所示的脉冲电流波形，但由于增益调整得太大，无法分析。通过 C 相对金属护层进行长时间的冲击放电后，得到如图 8-17 所示的波形，判断在距变电站端 80m 的位置有故障，但放电波形还是很乱，说明放电仍不太充分，但放电电压已经提到高压发生器的最大值。

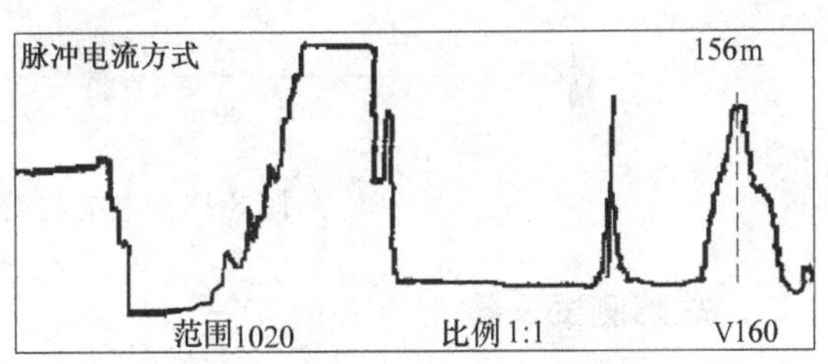

图 8-16　B 相对金属护层测电缆故障波形

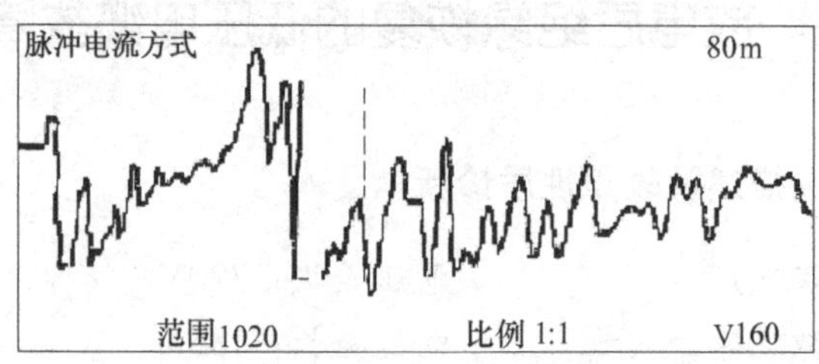

图 8-17　C 相对金属护层测电缆故障波形

在 80m 的位置处，电缆埋设在房屋下面，无法进入进行故障精确定位，也无法挖开修复，于是在房屋两侧挖开电缆，锯断后，向电缆两端绝缘测试合格后，重新敷设了一段电缆并制作两个中间接头，成功修复。

测试体会：

1. 当某一故障相不容易放电时，可选择对其他故障相进行加压击穿放电；对于低压电缆，由于绝缘层比较薄，放电电压不能过高，放电不充分是常见的事。

2. 环境不允许时不必过多纠缠在非要找到故障点上，只要能迅速排除故障，重新敷设一段电缆也是可以的。

案例 4　放电不充分的低压电缆故障探测

一、故障线路情况描述及故障性质诊断

线路名称：北瞿化工厂　　　　电压等级：380V

绝缘类型：PVC 绝缘　　　　　电缆全长：200m

该电缆在运行中发生故障，将电缆两端的终端头同其他相连设备断开后，进行绝缘测量，各相对地绝缘电阻为：A 相 800Ω，B 相 800Ω，C 相 1.5kΩ，零相 4kΩ，确诊该电缆发生了多相接地故障。电缆敷设情况如图 8-18 所示。

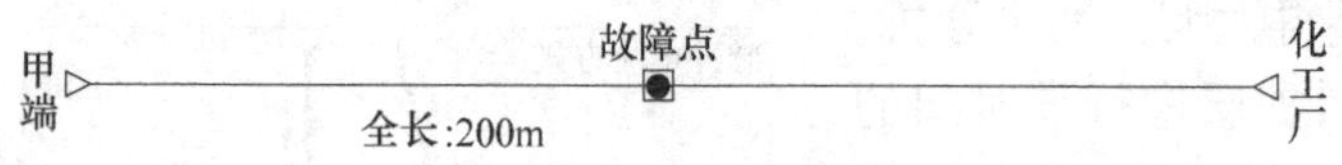

图 8-18　电缆敷设示意图

二、故障测试仪器

T-301 电缆测试高压信号发生器、T-902 电力电缆故障测距仪、兆欧表、万用表等。

三、故障测距与定位过程

在甲端，通过C相和零相之间用低压脉冲法测量全长，得到如图8-19所示的波形，选择波速度为160m/μs时测得电缆全长为196m。从波形图上可以看出测试时增益调得略大，同时，此电缆是塑料电缆，选择的波速度也不正确，但由于故障测距是粗测，没有太在意。

然后分别用A相和C相对金属护层在4kV电压下进行脉冲电流冲闪法测试，得到图8-20、图8-21所示波形，从图上可以看出放电脉冲的反射脉冲波形很平滑，不能有效得出故障距离。升高电压至5kV后，得到如图8-22所示的脉冲电流波形，确定故障距离应为96m。

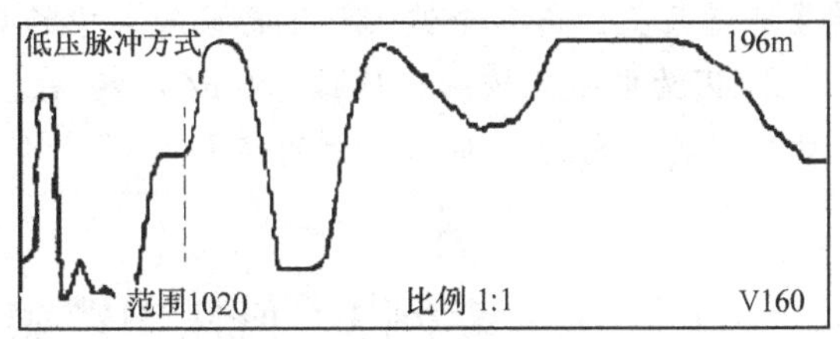

图8-19　电缆全长波形

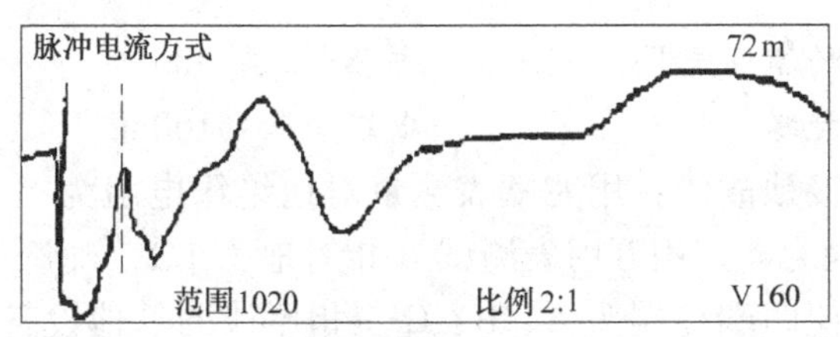

图8-20　A相对金属护层测电缆故障波形图

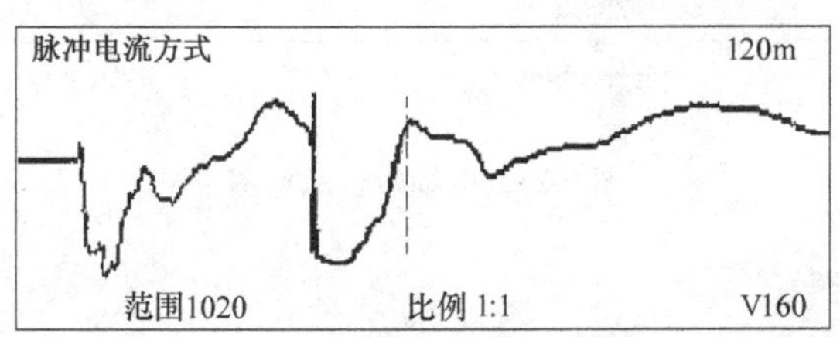

图8-21　C相对金属护层测电缆故障波形图

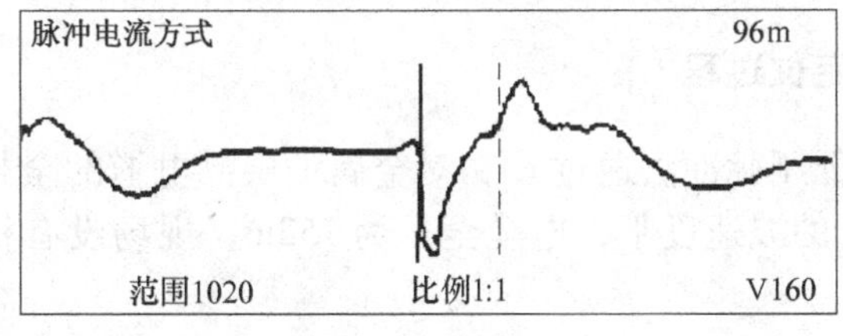

图8-22　C相对金属护层测电缆故障波形图

沿电缆路径在地面上丈量到95m处，感觉到放电时地面上有振动，挖开2m后发现电缆内外绝缘护层已被腐蚀，成胶合状，部分线芯已外露，向两边继续开挖，发现电缆已有十几米被腐蚀，不能继续使用，需更换电缆。

测试体会：

1. 电缆敷设地段原来是化工厂的废弃物堆放处，因使用年久造成很长一段电缆绝缘产生电化腐蚀，使得加冲击高压时发生离散性放电，造成故障波形变化不定。当电缆发生长距离、大面积进水时，也同样会产生这样的结果。对这种故障要多测量几次，得多个波形，选择比较集中的数据作为故障距离的参考点。

2. 因为电缆比较短，选择160m/μs的波速度并没有引起太大的测试误差，而电缆较长时就可能会引起较大的误差。

案例5　低压电缆短路故障探测

一、故障线路情况描述及故障性质诊断

线路名址：上海杨浦煤气厂　　　　　电压等级：380V

绝缘类型：PVC 绝缘　　　　　　　　电缆全长：160m

电缆运行中发生接地故障，用兆欧表测量对地绝缘电阻为：A 相对地为 5MΩ，B 相对地为 0，C 相对地为∞；用万用表测试 B 相对地为 1Ω，确诊电缆发生了单相低阻接地故障。测量中，使两端终端头 A、B、C 三相尾线同其他设备断开，中性线未拆。电缆敷设情况如图 8-23 所示。

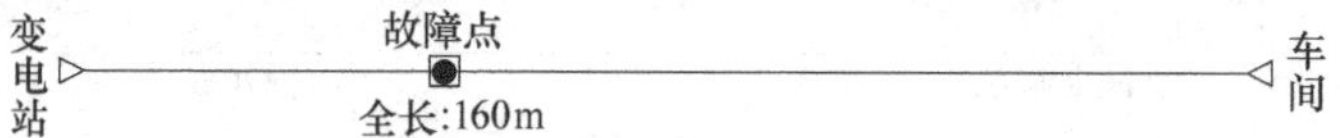

图 8-23　电缆敷设示意图

二、故障测试仪器

T-301 电缆测试高压信号发生器、T-902 电力电缆故障测距仪、T-502 电缆故障定点仪、听音器、兆欧表、万用表等。

三、故障测距与定位过程

在变电站端，用低压脉冲法通过 C 相对金属护层测电缆的全长，全长波形如图 8-24 所示，在 160m/μs 的波速度下，电缆全长为 152m，现场没有根据实际全长调整波速。

用低压脉冲法通过 B 相对金属护层测试，得如图 8-25 所示的波形，把 B 相对金属护层和 C 相对金属护层的低压脉冲波形比较后，得如图 8-26 所示的波形，在 160m/μs 的波速度下，测得故障距离为 64m。

用 T-301 在 B 相和金属护层之间加高压脉冲信号，把电压升到 4000V 时，故障点充分放电，得到如图 8-27 所示的脉冲电流波形，验证了故障点在距离变电站 60 多米地

方的低压脉冲测距结果。从波形上可以看到，由于测试范围较大，波形显示为近距离波形，同时测试时增益调节得略大，使波形不容易理解。

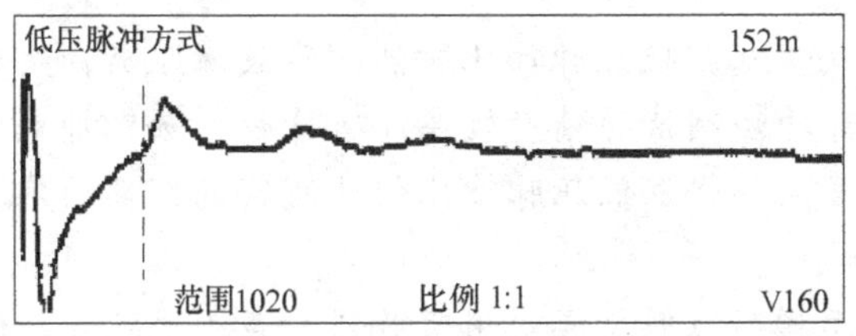

图 8-24　电缆全长波形

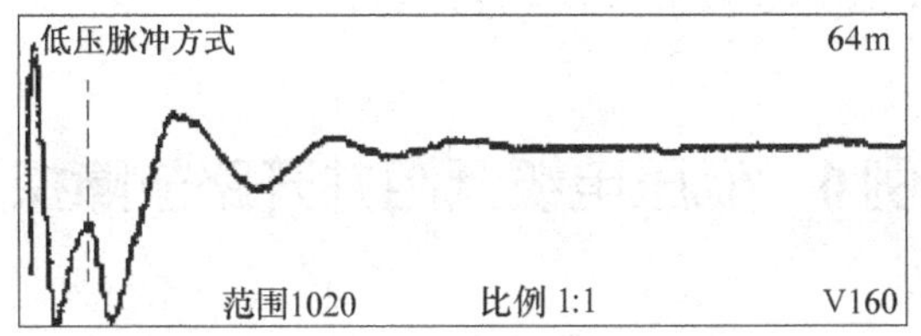

图 8-25　低压脉冲法测电缆故障波形

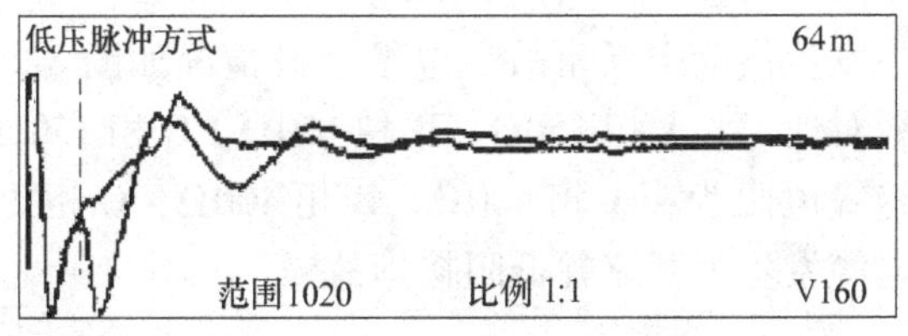

图 8-26　低压脉冲比较法测电缆故障波形

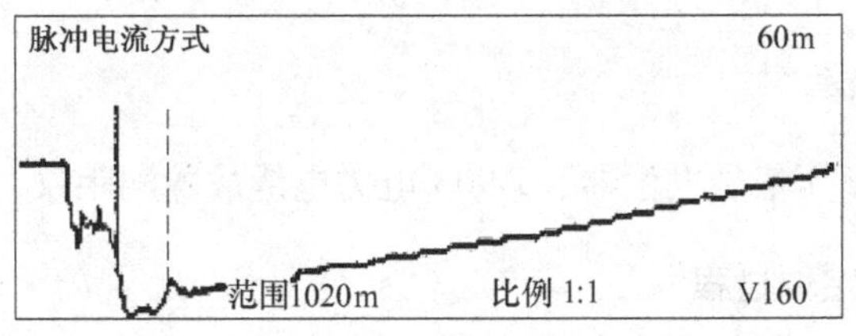

图 8-27　脉冲电流法测电缆故障波形

充分考虑预留后，丈量到 64m 位置处，进行精确定点。由于故障电阻很小，放电声音很弱，用听音器听不到放电声音，后改用 T-502 经声磁同步法定点，通过看声音波形的方法，看到了故障点放电的幅值很小的声音波形，找到了故障点的精确位置，此时通过耳朵仍然听不到故障点放电的声音。挖出电缆后，发现电缆本体上有一个 1 ~ 1.5cm 的垂直小洞，周围土壤干燥，判断为外力损坏造成的故障。

测试体会：

1. 低阻故障最好先选用低压脉冲比较法测量故障距离，然后用脉冲电流法验证一下。由于低压脉冲法测试的精度较高而可靠性不如脉冲电流法，所以，当两者测得的距离差不多时，就以低压脉冲比较法测得的距离为准，否则，就以脉冲电流测得的为准。

2. 由于习惯，故障定点时总喜欢用听音器的声测法定点，但在外部环境比较嘈杂、故障点在水泥地坪下或故障点放电声音很小时，通过人的耳朵很难分辨出故障点的放电声音，所以，故障定点最好选用声磁同步定点法，通过用仪器识别声磁时间差的方式，能很容易地找到故障点的精确位置。

案例 6　低压电缆低阻并开路故障探测

一、故障线路情况描述及故障性质诊断

线路名址：上海南蕴藻泵站　　　　　　电压等级：380V

绝缘类型：PVC 绝缘　　　　　　　　　电缆全长：481m

电缆线路在运行中发生供电中断事故。电缆敷设情况如图 8-28 所示。先在拉丝厂端测量绝缘电阻，芯线对地为：A 相 150Ω，B 相 150Ω，C 相 150Ω，零相 120Ω；在泵站端测量各相对地的绝缘电阻为：A 相 400Ω，B 相 400Ω，C 相 250Ω，零相 50Ω。进行连续性测量后得知电缆发生了开路并低阻接地故障。

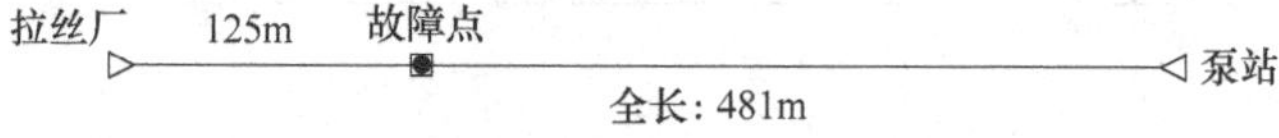

图 8-28　电缆敷设示意图

二、故障测试仪器

T-302 电缆测试高压信号发生器、T-903 电力电缆故障测距仪、兆欧表、万用表等。

三、故障测距与定位过程

根据资料，电缆线路全长为 481m，选择 170m/μs 的波速度时，用低压脉冲法在拉丝厂端测试的故障距离和在泵站测试的故障距离之和大于全长。后调整波速度为 150m/μs，用低压脉冲法测 A 相对金属护层的开路距离为 125m，波形如图 8-29 所示；在泵站端测 A 相对金属护层的开路距离为 356m，波形如图 8-30 所示，两端测量结果相加约为 481m，符合电缆总长度；后又在泵站端用 A 相对金属护层与零相对金属护层之间，用低压脉冲比较法测得开路故障距离确为 356m，波形如图 8-31 所示，最后确认故障点在距离泵站端 356m 处。

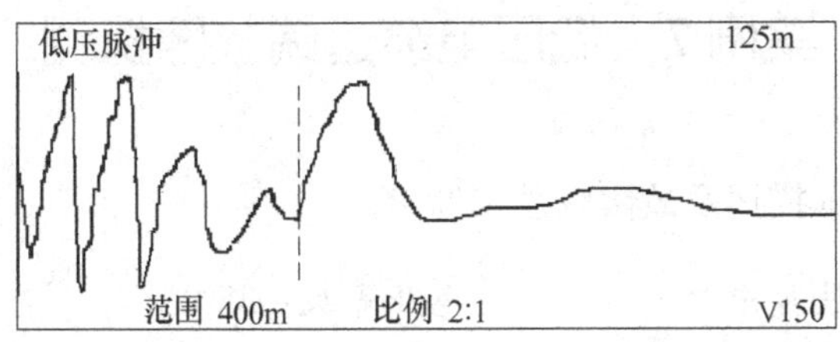

图 8-29　在拉丝厂端低压脉冲测电缆开路波形

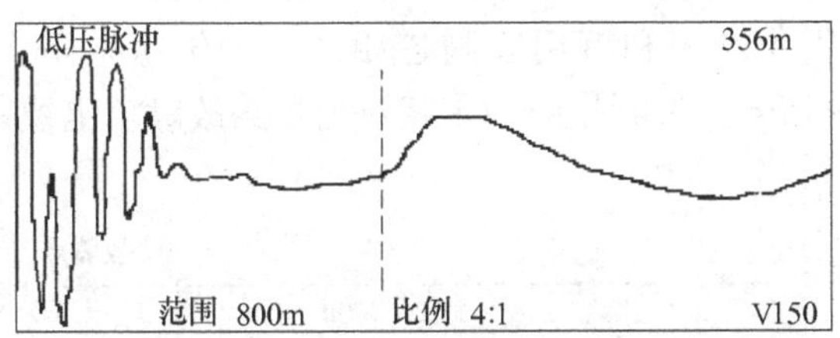

图 8-30　在泵站低压脉冲法测电缆开路波形

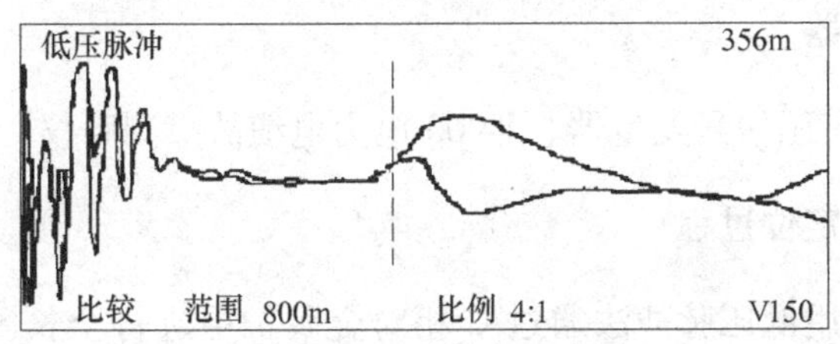

图 8-31　在泵站端测 A、零相对金属护层低压脉冲比较法测波形

通过 T-302 向 A 相和金属护层之间施加高压脉冲，丈量到距拉丝厂 125m 的地方，发现该位置有新动土的迹象，通过耳朵直接就能听到地下传来的故障点放电的声音。于是在动土的地方挖开，找到电缆后，发现电缆被外力破坏过，线芯已烧断（此线路为拉丝厂炼铜炉提供电源，工作电流非常大）。

测试体会：

1. 由于低压电缆对绝缘材料的要求不如高压电缆严格，所以其波速度的变化范围比较大。不过测距本身就是粗测，对测得的故障距离的精度要求不是很高，在不知道电缆全长时，可以用经验波速值进行测试。

2. 查找故障时，要多观察线路路径上是否有施工动土或钉过钎子等现象，这样有利于尽快地找到故障点。

案例7 低压电缆远端故障探测

一、故障线路情况描述及故障性质诊断

线路名址：上海展览中心　　　　电压等级：380V

绝缘类型：PVC 绝缘　　　　电缆全长：170m

电缆运行中发生线路故障，使供电中断。最初用户怀疑终端头有问题，立即把电缆从房屋内进柜处近根部锯断，但锯断后，故障仍然存在。

在变电站端分别用兆欧表和万用表测各相对地的绝缘电阻，得：A 相 2Ω，B 相 10kΩ，C 相 30kΩ，零相∞。诊断故障为多相对地短路故障。电缆敷设情况如图 8-32 所示。

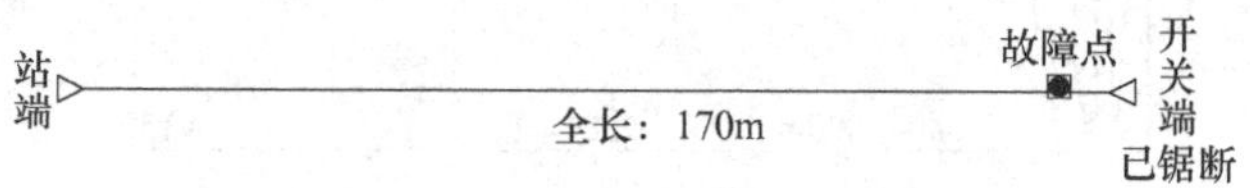

图 8-32　电缆铺设示意图

二、故障测试仪器

T-302 电缆测试高压信号发生器、T-903 电力电缆故障测距仪、兆欧表、万用表等。

三、故障测距与定位过程

在变电站端，先用低压脉冲法通过 C 相对金属护层进行全长测量，依据电缆实际长度，调整波速度为 165m/μs，波形如图 8-33 所示。

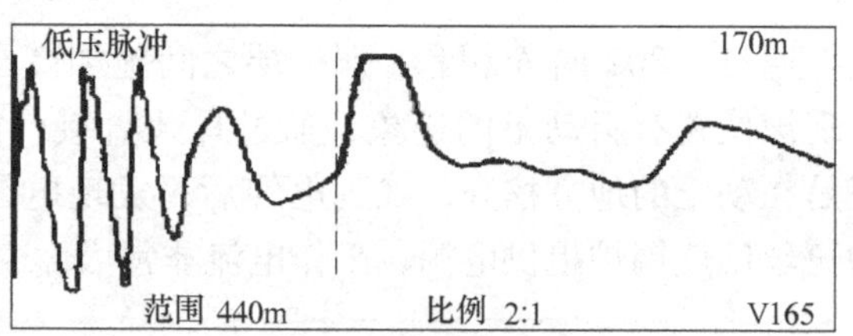

图 8-33　电缆全长波形

然后通过 A 相对金属护层测试时发现，竟然没有低阻接地反射波形（接地电阻仅为 2Ω），并且终端反射也不明显，波形如图 8-34 所示；后通过 A、C 两相分别对金属护层，用低压脉冲比较法测得如图 8-35 所示的波形，两个波形在 164m 处发生很大分歧，但由于前面也有分歧点，因此不太确定故障点是否就在 164m 处。由于在开关端电缆是齐根锯断的，造成在变电站端加压时安全距离不够，使得不能进行脉冲电流法测距，也不能进行放电声测定点。后又经过电桥法测量，计算出故障距离就在距变电站端 164m 左右的地方，这样两种方法相互验证，确定了故障点的位置。

为什么低阻反射脉冲不明显呢？后来分析，产生的原因可能有两个：其一可能是故障点处的阻抗与电缆特性波阻抗正好相匹配，没产生低阻反射；其二可能是因故障点离线路末端太近，故障处的低阻反射和末端的开路反射正好相互混叠，使显示出的波形比较平滑。

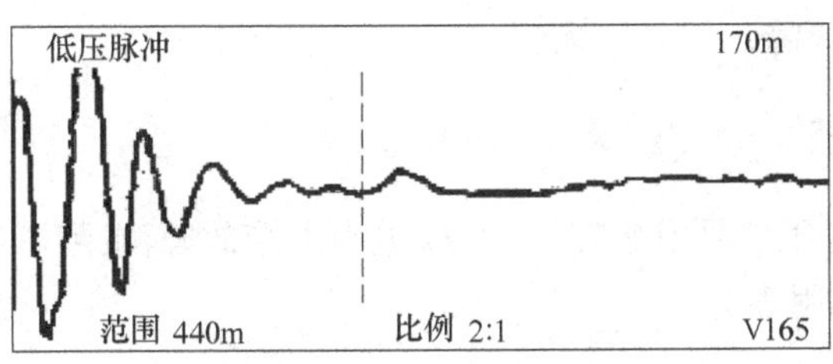

图 8-34　A 相对护层测低压脉冲故障波形

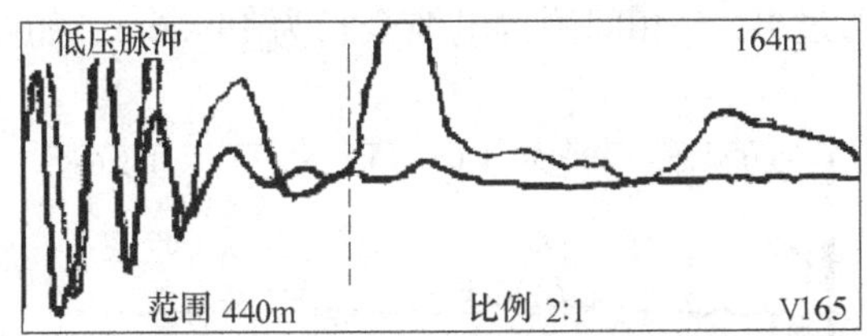

图 8-35　低压脉冲比较法测故障波形

对此故障本想用音频感应法定点，但由于开关端其他正在运行的设备对音频感应法干扰很大，不能定点，最后把电缆在开关端房屋外锯断，排除了故障。

测试体会：

1. 在电缆的故障中，近端故障与远端故障占一定的比例，测试时应当注意。

2. 低压电缆的绝缘较薄，容易发生低阻故障，测试时要多用低压脉冲比较法测量，但如果仍不能确定故障点的位置，可用电桥法再验证一下。

案例 8　低压电缆开路故障的探测

一、故障线路情况描述及故障性质诊断

线路名址：温馨家园小区　　　　　电压等级：380V

绝缘类型：PVC 绝缘　　　　　　　电缆全长：150m

电缆敷设情况如图 8-36 所示。此电缆是为建筑作业供电的低压电缆，沿道路直埋敷设，中间没有接头。运行时发生跳闸使供电中断，用兆欧表测试后确定为电缆发生故障。

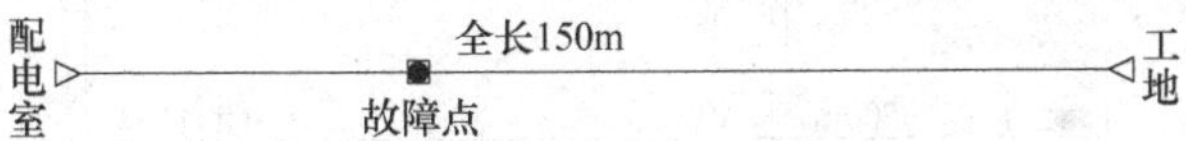

图 8-36　电缆敷设示意图

测试人员到达现场后，用万用表测试三相对零线的电阻为：A 相 15kΩ，B 相 50kΩ，C 相 30kΩ。又进行连续性测试，发现 A 相、零相不连续。判定电缆发生了多相

开路并多相高阻接地故障。

二、故障测试仪器

T-100 电缆测试高压信号发生器、T-905 电力电缆故障测距仪、T-505 电缆故障定点仪、500V 兆欧表、万用表等。

三、故障测距与定位过程

在配电室，首先通过 B、C 相间测得电缆全长为 149. 6m，如图 8-37 所示，和资料基本相符。

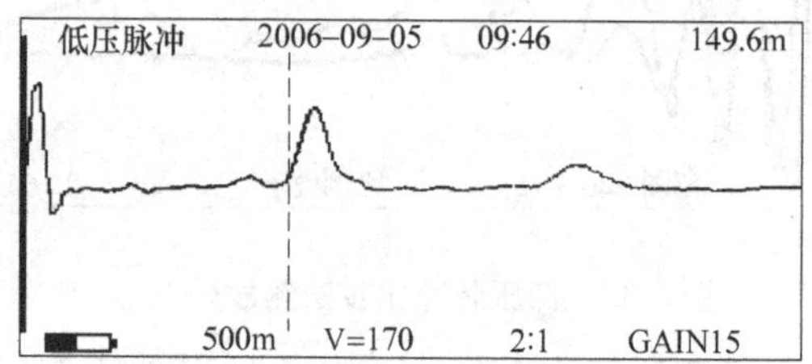

图 8-37　电缆全长波形

然后用低压脉冲比较法，把 A、C 相间的低压脉冲波形和 B、C 相间的低压脉冲波形比较后，得故障距离为 66. 3m，如图 8-38 所示。

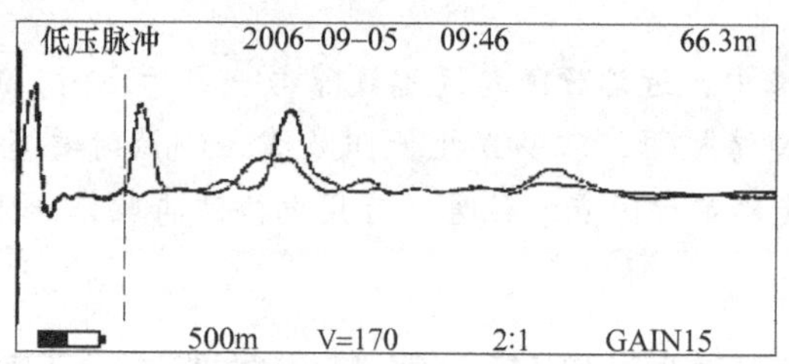

图 8-38　低压脉冲比较法测故障波形

再用脉冲电流法测试，通过向 A 相和零相之间施加高压脉冲信号，故障点放电后测得故障距离为 64. 6m，如图 8-39 所示。测试时，由于电缆较细，材质一般，向电缆中施加的脉冲电压从 1. 5kV 逐渐提高，提到至 3kV 时，才得到 3 比较好的放电波形。

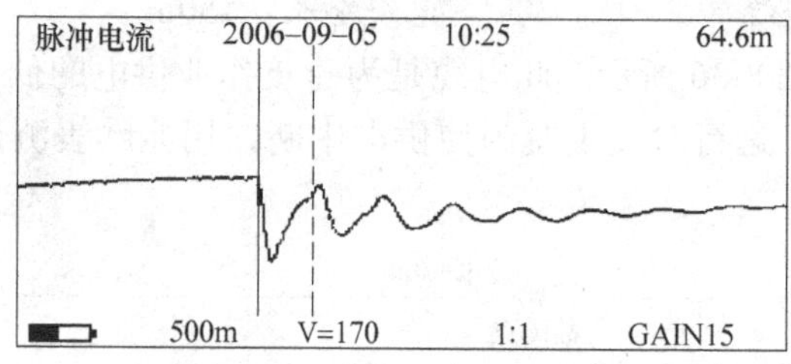

图 8-39　脉冲电流故障波形

根据用户资料提供的路径，携带 T-505 到 65m 附近定点，很快就找到了声磁时间差最小的位置（29 ×0. 2ms），确定为故障点的位置。由于现场土质较松软，声磁时间

差比较大，刚开始时还不太相信会有如此大的时间差。

测试体会：

虽然按常规理论说，只要是电缆中有放电的故障点，电缆的两端正常接地，高压脉冲一般就不会伤害电缆。但在向低压电缆中施加高压脉冲时，一定要注意电缆的绝缘材质，电压要一点一点地往上加，能得到比较好的放电波形就行，电压没必要加太高。如果担心放电的声音太小，不利于定点，可以增大电容容量。

案例9　利用跨步电压法测试电缆的故障

一、故障线路情况描述及故障性质诊断

线路名址：大庆某化工厂　　　　　　电压等级：380V

绝缘类型：PVC 绝缘　　　　　　　　电缆全长：230m

电缆敷设情况如图 8-40 所示。此电缆是为生产车间供电的电缆，在厂区内直埋敷设，中间没有接头，运行时发生接地故障使供电中断。

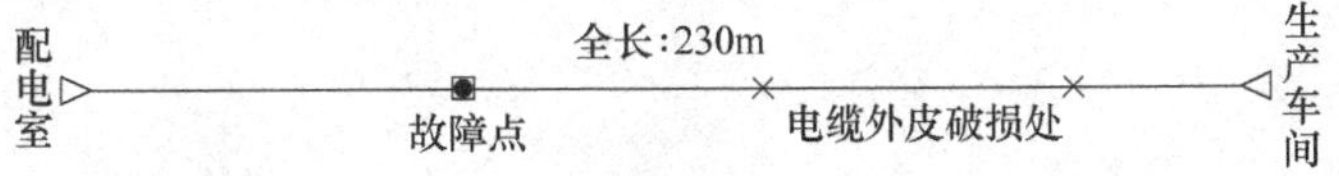

图 8-40　电缆敷设示意图

当时没有专门的电缆故障测试设备，检修人员只寻找到了给电缆做耐压试验的一套设备和 0.2μf/10kV 电容、兆欧表、万用表各一台。

用兆欧表测试电缆的绝缘电阻，三相对地都为 0；又用万用表测试得：A 相对地 1kΩ，B 相对地 15kΩ，C 相对地 3kΩ；判断电缆发生了高阻接地故障。

二、故障测试仪器

调压器、升压变压器、整流二极管、电容器、兆欧表、万用表等。

三、故障测试过程

用两段铁丝做一个间隙，和调压器、升压变压器、整流二极管、电容器等一起组合成高压信号发生器，通过向 A 相对大地之间施加高压脉冲，用两段钢筋做成铁钎子，从配电室开始沿电缆路径把铁钎子以 5m 为间隔打入地下，在间隙放电的瞬间，用万用表测量铁钎子之间的电压突变，待找到突变处后，再把铁钎子的间隔降至 1m，精确寻找突变点。用这种方法，共找到三个突变点，挖开后，发现其中一处是故障点，另两处电缆的外皮破损，主绝缘没有坏。

把故障点修复后，恢复供电。

测试体会：

此案例中，所采用的寻找电缆故障点的方法称为跨步电压法，用这种方法可以查找到直埋电缆的外皮破损处，如果故障点是开放性的，也就可以找到。但是，电缆外皮的破损处有可能有许多点，有时需要挖掘多处才能找到真正的故障点。

第九章　单芯高压电缆护层故障测试案例

1. 探测单芯高压电缆护层故障的原因

通常，35kV 及以下电压等级的电缆都采用两端接地方式，这是因为这些电缆大多数是三芯电缆，在正常运行中，流过三个线芯的电流总和为零，金属护层上的磁链基本为零。这样，在金属护层两端的感应电压很小，两端接地后不会有感应电流流过金属护层。并且当电缆上的其他地方发生外绝缘护层破损，使金属护层在该点接地时，金属护层上也不会有感应电流流过，故该破损点一般不需要查找。

35kV 的大截面积电缆和 66kV 及以上电压等级的电缆一般为单芯电缆（称为单芯高压电缆），敷设时，若金属护层两端三相互联后直接接地，当电缆线芯有电流流过时，其金属护层中感应的环流可达线芯电流的 50%～95%，感应电流所产生的热损耗会极大地降低电缆的载流量，并加速电缆主绝缘的电－热老化。所以，单芯高压电缆金属护层的接地方式一般采取一端直接接地另一端保护接地或金属护层采取分区段交叉互连接地的接地方式。当电缆的外绝缘护层某处发生破损时，就会造成电缆金属护层多点接地，金属护层上感应的环流就会大幅增加，感应电流所产生的热损耗也会大幅增加，将严重地影响电缆的正常运行，甚至大幅缩短电缆的使用寿命。所以，当单芯高压电缆的外绝缘护层破损时，需要查找该破损点的位置，并予以修复。

2. 单芯高压电缆护层故障的特点

1）护层故障指的是 66kV 及以上等级的单芯电缆，金属护套（以下简称护层）外的绝缘护层发生了绝缘下降，出现护层与大地之间的绝缘性能达不到正常运行要求的现象。在故障的两者之间只有一个金属相（金属护套），另一相是大地。

2）为降低护层上存在的感应电压，电缆在敷设的过程中，护层有时是通过交叉互连的方式连接的，这种情况下，在护层故障查找的过程中，交叉互连点必须解开，故障查找需一段一段地分开进行。

3）护层发生故障时往往有多个故障点并存，每个故障点绝缘电阻的大小往往不一样，查找故障点时要找到一个点，处理一个点，然后再找第二个点。

4）高压电缆敷设方式一般有直埋、穿管和沟槽架设等几种方式。对于直埋电缆和沟槽架设的电缆，在通过加冲击高压使故障点对大地进行放电时，在地表上会产生喇叭形的跨步电压分布，同时放电时一般情况下也会发出放电声音并能传到大地表面。但对于穿 PVC 管的电缆，由于放电声音和放电电压电流被封到 PVC 管内，大地表面就不再会有明显的跨步电压，也难以收到放电产生的声音信号。

3. 单芯高压电缆护层故障的测试方案

（1）故障测距（粗测）　因发生护层故障的两者之间只有一个金属相，另一相是大地，而大地的行波衰减系数很大，在测量故障距离时，使用电流或电压的行波反射法能测量的范围很小，所以护层故障的粗测一般借用测量电阻的手段，具体方法有直流电桥法、压降比较法与直流电阻法等。

用直流电桥法与压降比较法测试时，接触电阻对测量结果的影响较大，有时可能会因接触电阻的影响而产生错误的测试结果。所以，用直流电桥法与压降比较法测试时需用较粗的连接线，并且每次接线时均需处理接触点，同时最好选用高压电桥。用直流电阻法测试时则不受接触电阻的影响。

发生护层故障的单芯高压电缆所处的外部环境一般有两种，一种是在电缆附近有正在运行的其他的单芯高压电缆，一种是没有。附近有正在运行的其他的单芯高压电缆时，故障电缆护层上的感应电压可能会很大，有时会严重影响电桥法的应用，其中对高压电桥的影响相对较小一些。因此在测试护层故障的故障距离时，一般选用直流电阻法，这种方法受到感应电压的严重干扰时，可用高压直流电桥试一下。

在运行中产生的护层故障一般为单点故障，而投入运行前的工程电缆发生护层故障时，往往有多个故障点并存，而此时又由于每个故障点的绝缘电阻的大小不一样，并且很难知道具体的阻值，用电桥法测试多点并存的故障时可能会有比较大的误差，这时故障测距也就仅仅是一个参考，要找到故障点，还需要进行下一步的工作——故障定点。

（2）故障定点（精测）　对于直埋电缆和沟槽架设的电缆，在通过加冲击高压使故障点放电时，大地上会产生喇叭形的电压分布，用跨步电压法可对故障点进行精确定点；同时放电时，一般情况下也会产生放电声音，用声测法、声磁同步法也可进行故障定点。

对于穿管的电缆，由于放电声音和放电产生的电压电流信号被封到管内，跨步电压法、声测法、声磁同步法就不太适用了，这时可用磁场法来寻找故障点。

案例1　220kV 电缆护层故障的探测

一、电缆情况描述

该电缆为济宁运河电厂220kV 母线开关到变压器高压端的联络电缆，每相全长约255m（通过电缆外皮上米标计算得出，其中B 相略短），护层的两端经接地线连入接地箱，两端接地线长度约为十多米。电缆敷设情况如图9-1 所示。敷设方式为在电缆沟内直埋，埋深约2m，其中电缆沟深约1m，沟里用沙子填充，用水泥盖板覆盖，在水泥盖板和沙子之间有一些空隙，没有填实，水泥盖板上方用大约30cm 厚的混凝土浇注，再上方是约50cm 厚的直埋泥土，土质较干燥。在整个路径上电缆共穿过4 条道路，在路下电缆为穿PVC 管敷设，PVC 管的上方全部用大约1m 厚的混凝土浇注。电缆两端

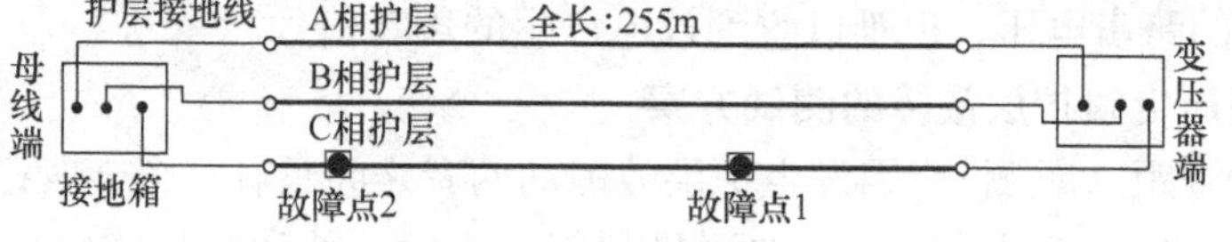

图9-1　电缆敷设示意图

场地内有标准接地网，在路径上多处放置铁支架和铁板。测试环境较恶劣。

在对电缆进行耐压试验时，发现电缆C相护层有故障，用2500V兆欧表测试接地电阻为0，其他两相测试合格。

二、故障测试仪器

T-100电缆测试高压信号发生器、T-H100电缆护层故障测试仪、T-KB100跨步电压接地故障定位仪、T-505电缆故障定点仪、T-602电缆测试音频信号发生器、兆欧表、万用表等。

三、故障测距与定点过程描述

1. 第一次测试

测试人员到现场拆开电缆两端护层接地线同工作地的连接后，在变压器端，用万用表测试C相护层对地绝缘电阻为7kΩ。

因没有此条电缆护层电阻率的资料，须先测试电缆护层单位长度的电阻。按图9-2所示的接线图进行接线，在母线端把良好B相护层接地线经电阻接地（现场测试时用了一段湿树枝），设置为接地故障，把A相护层和B相护层连接，用良好A相护层作为测试联络线。在变压器端，用T-H100电缆护层故障测距仪测量B相护层的全长电阻（含两端接地线电阻）。已知电缆全长为255m，加上两端接地线长度，护层全长按280m计算，得出此电缆护层的电阻率为0.0513Ω/km。

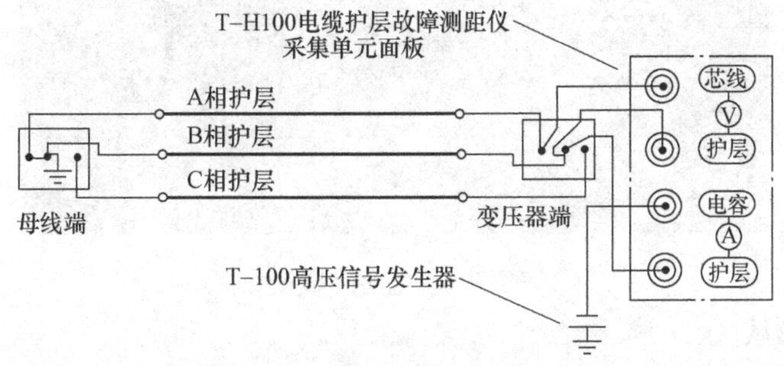

图9-2　电缆护层电阻率测试接线图

解开母线端B相护层的接地线和与A相护层的连接线后，按图9-3所示的接线图连接测试线，仍然用良好A相护层做测试联络线，在母线端把A相护层和C相护层连接。在变压器端，用T-H100测得故障距离为77m。

把T-100调整到“周期放电”方式，用T-KB100的跨步电压法和T-505的声磁同步法和脉冲磁场法同时寻找故障点，最后用T-KB100在距离变压器端B相电缆头55m地方找到故障点1（看米标所得），此距离加上接地线长度就是实际故障距离，和77m的测距结果比较有一定的误差。找到故障点后，在其上方用T-505探测不到明显的放电声音波形（这可能与埋设工艺及埋深有比较大的关系），同时在故障点附近脉冲磁场的变化也比较均匀，没有突变点，也就是说脉冲磁场法与声磁同步法查找不到此故障点。后又用T-602向C相护层和大地之间施加音频电流信号，用T-505接收，通过音频感应法探测。可能因接地电阻太大致使音频电流信号加不进去，在故障点上方没有发现音频电流信号有突然变化的表现。

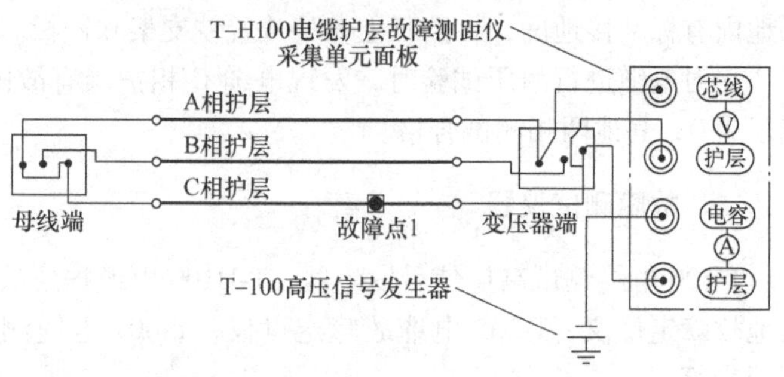

图 9-3　电缆护层故障距离测试接线图

挖开电缆后，看到了故障点（见图 9-4）。把故障点处理后，对电缆护层做绝缘测试，发现 C 相护层对地绝缘电阻为 0.1MΩ，说明电缆护层还存在其他的故障点，于是此故障点处暂没有掩埋。

再次查找故障点时，没有粗测故障距离，而是直接用跨步电压法、脉冲磁场法、声磁同步法与音频感应法等方法探测，但效果都不明显，没有找到第二个故障点位置。因急于送电，第一次测试结束。

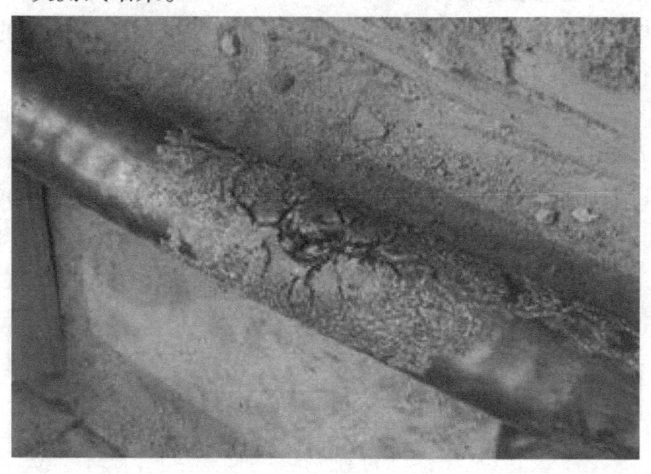

图 9-4　电缆故障点

2. 第二次测试

用 2500V 数字式兆欧表测试 C 相护层的接地电阻，测值在 100～800kΩ 浮动，变化非常大；用 T-100 对电缆进行直流耐压试验，电流也在 50～100mA 之间波动，变化也非常大。根据经验，这种故障可能不是一个点，而可能是较长的一段都有问题，或者可能还有其他的第三处故障点。

仍然沿用上次测得的护层电阻率，先在母线端用 T-H100 测试 C 相护层的故障距离，发现数据在 40～60m 之间跳动非常厉害，很不稳定，不能得到确切的故障距离；然后又到变压器端用 T-H100 测距，发现数据在 210～240m 之间跳动。

上述测距结果表明故障点应该在母线端附近。用 T-KB100 进行故障定点时发现，在母线端接地网附近电压表指针摆动比较明显。而母线端接地网范围内是水泥地面，电缆在水泥地面下有 10m 长，加上接地线长度，也就 25m 左右，于是把电缆在水泥地面外往变压器方向开挖，但挖开后没有发现明显的故障点痕迹。后又查看第一个处理后的故障点，发现第一个故障点处理不好，有明显的泄漏。再次处理好以后，用 T-

H100 两端测距，还是和上面测试的情况一样，数据跳动很大，不能确切得到故障点的距离。同样，故障定点时也是除了在母线端接地网附近电压表指针摆动比较明显外，全路径上电压表指针无其他明显摆动的地方。由于挖开的地方没有发现第二个故障点，在不能确定故障点就在水泥地面下的情况下，没有挖开水泥地面，测试暂告一段落。

3. 第三次测试

到测试现场后，首先打开所有电缆护层接地线与电缆护层的连接，甩开接地线，保证所测试的电缆护层两端与其他设备及大地完全电气隔离，然后在母线端进行测试。根据实际的 255m 的电缆长度，通过 B 相护层（良好护层）重新测得护层的电阻率为 0.0394Ω/km。然后按甩开护层两端接地线后的接线图（见图 9-5）连接测试线，用 T-H100 测距，测得的距离在 7～17m 之间跳动，由于距离母线端 10～17m 地方已经挖开，没有发现故障点，说明故障点在 10m 以内水泥地面下。但由于水泥地面比较干燥，下面又是接地网，跨步电压法定点时电压表指针只是在水泥地外摆动明显，在水泥地上摆动不太明显。

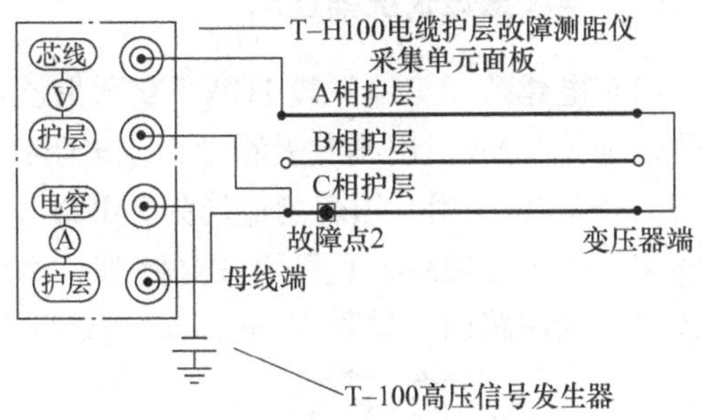

图 9-5　电缆护层故障距离测试接线图

挖开水泥地面后，在电缆沟的分叉处，距母线端电缆终端头 4～6m 的范围内看到了很长两段明显的受伤痕迹。修复后，测试绝缘合格。

事后分析：

1. 第一次与第二次测距结果误差比较大的原因，主要是由护层接地线的长度不确定、护层接地线与护层的电阻率不相等、护层接地线与护层的连接点可能存在接触电阻以及由于上述原因使护层电阻率测试不准确等因素引起的。

2. 用音频感应法找不到故障点的主要原因是：接地电阻太大，加入到电缆内的音频电流信号太小等。

测试体会：

1. 在测试护层故障之前，一定要打开所有的接地线，保证本测试段电缆两端与其他设备及大地完全电气隔离。

2. 测试之前一定要弄清楚测试电缆的准确长度，以便得到正确的电阻率。

3. 测试之前必须测试护层的电阻率，不可仅靠经验值来估计。

4. 对曾经处理过的电缆故障点一定不能放过，要当成可疑点对待。

5. 故障点在接地网处时，跨步电压法定点就不太适用了，这时主要依据测距结果来判断故障点的位置。

6. 测试电缆护层的故障距离时，需要耐心和细心。

案例 2　110kV 电缆护层故障的探测

一、电缆敷设情况描述

山东电建菏泽工地一段 110kV 交联聚乙烯电缆，联络变电站内 110kV 母线与 2#启备变，全长 278m。用兆欧表测量绝缘电阻：A 相护层对地为 20MΩ，B、C 两相护层对地均为 0.2MΩ（用万用表测量均为 2MΩ）。电缆敷设在电缆沟中，电缆沟用细砂填实，电缆沟上盖水泥盖板，且已浇注好缝隙，水泥板上用土回填，其中 120～180m 段路面已经铺好水泥路面（厚约 10cm）。电缆走向及故障分布情况如图 9-6 所示。

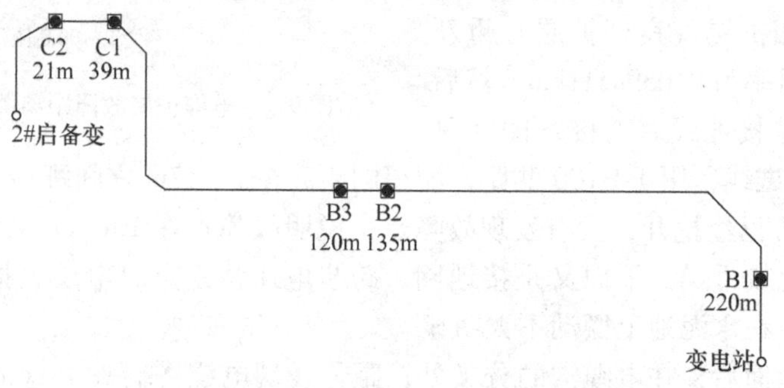

图 9-6　电缆走向及故障分布示意图

二、故障测试设备

T-H100 电缆护层故障测试仪原理机、T-302 电缆测试高压信号发生器、万用表、兆欧表等。

三、测试过程

本次测试找到了全部 5 个故障点，按查找顺序依次为 B1、C1、C2、B2、B3（见图 9-6）。其中 C1、C2、B1、B3 点故障均为施工时被盖板砸伤或水泥块硌伤。B2 点故障比较特殊，长约 2m 段的电缆质量存在问题。

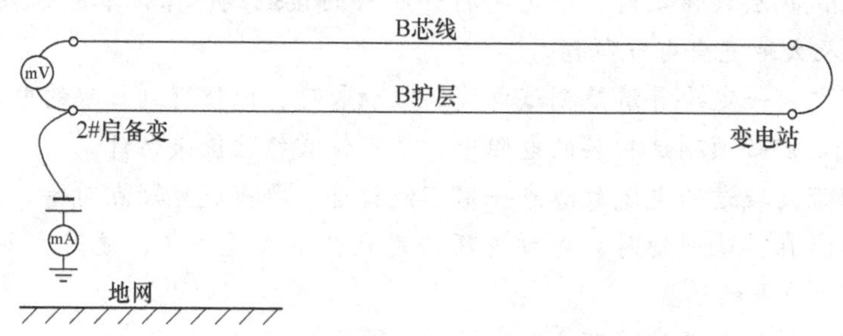

图 9-7　护层故障测距接线示意图

在故障点查找的过程中是查找到一个点，处理一个点，然后测试绝缘后，再继续

查找其他的点。故障测距与定点过程如下：

1. 测距过程

用直流电阻法在2#启备变端测试，以B相护层故障测距为例，按图9-7所示连接测试线。T-302的最大输出电流在55mA左右，完全可以满足使用要求，于是把T-302用作直流电源，测距时不必连接电容器。

根据资料，电缆单位长度护层电阻为0.056Ω/km，对两相各故障点测试后，得到如下数据：具体见表9-1、表9-2、表9-3、表9-4。

表9-1　B1故障测距数据

项　目	第一组	第二组	第三组
U/mV	0.662	0.671	0.683
I/mA	53.9	55.2	55.5
R/Ω	0.01228	0.01216	0.01231
X/m	219.3	217.1	219.8
平均值：$X=218.7$m			

表9-2　C1故障测距数据

项　目	第一组	第二组	第三组
U/mV	0.123	0.118	0.116
I/mA	55.4	55.1	53.6
R/Ω	0.00222	0.00214	0.00216
X/m	39.6	38.2	38.6
平均值：$X=38.8$m			

表9-3　C2故障测距数据

项　目	第一组	第二组	第三组
U/mV	0.064	0.058	0.057
I/mA	52.5	51.5	50.5
R/Ω	0.00122	0.00113	0.00113
X/m	21.8	20.1	20.2
平均值：$X=20.7$m			

表9-4　B3故障测距数据

项　目	第一组	第二组	第三组
U/mV	0.365	0.331	0.364
I/mA	54.4	49.6	53.8
R/Ω	0.00671	0.00667	0.00677
X/m	119.8	119.2	120.8
平均值：$X=119.9$m			

其中测试B1、C1、C2、B3故障点的距离时，电压表读数都很稳定，测距结果也

很精确，误差比较小。

而对B相第二个故障点（B2点）测距时，电压表不稳定，数据的变化非常快，到对端变电站端测量也是如此。表9-5、9-6分别给出了在两端测得的电压、电流数据及测距结果，最后大致取得平均值后，得到故障点大约在距2#启备变端170～180m的地方。

表9-5　B2故障测距数据（2#启备变端测量）

No.	U/mV	I/mA	X/m
1	0.519	58.3	159
2	0.493	54.3	162
3	0.549	57.9	169
4	0.560	55.3	180
5	0.529	49.6	190
6	0.579	55.6	186
7	0.533	53.9	176
8	0.531	54.9	173
9	0.500	50.0	178

表9-6　B2故障测距数据（变电站端测量）

No.	U/mV	I/mA	X'/m	X/m
1	0.243	51.4	84	194
2	0.242	54.0	80	198
3	0.197	51.3	69	209
4	0.229	53.5	76	202
5	0.280	53.0	94	184
6	0.070	49.0	26	252
7	3.388	50.6	/	/

最后通过定点在135m处找到B2故障点，挖开后发现此处故障比较特殊，电缆没有明显损伤，但能听到放电时的“啪啪”声，并能看到电缆上尘土随放电声震落。分析认为此段（前后约2m多长）电缆存在质量问题。电缆厂家来人也认为电缆上可能存在看不见的“针眼”损伤。

值得注意的是：在测距时，曾用良好A相护层代替故障线芯作为测试故障段电压降的联络线，即把图9-7所示中的B线芯改成A护层后接线。测试时发现毫伏表显示的数据十分的不稳定，变化得特别快，测距结果也不准。这是由于现场电磁干扰较大（电缆大部分在运行中的变电站内），将故障相护层和非故障相护层短接时，测试回路面积很大，引入的感应电压也就很大，从而导致毫伏表读数明显偏大并且不稳定。而采用图9-7所示接线时，故障相护层和故障相线芯是一条同轴电缆，外界的干扰对其影响不大，因而测得的数据也就准确。

2. 故障定点

故障定点使用跨步电压法。由 T-302（并入 2μF 电容）向故障护层与接地网之间施加 2000V 周期为 4s 的脉冲电压，沿电缆走向在土层中插入两根镀锌的钢筋，用万用表 DC200mV 挡测量跨步电压。

定点过程中，跨距均为 1m 左右。在故障点前后各 2m 范围内，跨步电压反应明显。在故障点位置上，放电时电压突变高达 20mV 左右。在离故障点较远时（2m 以上），放电时跨步电压几乎为 0。用此办法轻松找到了 C1、C2、B1、B3 四个故障点。

对 B2 故障点定点时，在地面上探测到了明显的跨步电压，但挖开（2m）后，电缆上看不到明显的损伤点，探针插入电缆沟内的细砂中，探测不到跨步电压，但在电缆沟上的土层中却可以探测到跨步电压。分析认为此段电缆可能存在多处故障，使得此段电缆在放电时处于等电位，在此段的前后才有跨步电压，把这 2m 电缆表面护层处理后，又寻找到 B3 故障点。

经验总结：

1. 用直流电阻法测试护层故障距离时，如果有条件最好用故障线芯作为测试本护层故障段电压降的联络线，没有条件时再采用其他相良好护层。但采用其他相良好护层作为测试护层故障段电压降的联络线时，可能会受到外界电磁场的干扰，在所测电缆附近有正在运行的电缆时，干扰格外严重。

2. 为避免接触电阻的影响，测距接线时，在故障护层上连接电压表的线一定不要和连接电流表的线连到一个点上，尽量接到电流表接线点的后面。

3. 测距时如果毫安表读数不稳定，可以先接入电容器对故障电缆冲击放电几次，然后再重新测距。并且即使测距读数不稳，也可根据测出的大致位置，沿电缆走向来回定点，必能找到故障点。

4. 定点过程中，不放电时的电压正负极性没有任何意义，只需注意放电时的电压跳变方向。

5. 定点时，故障点前后的跨步电压极性不同。换言之，只有找到正负方向不同的电压跳变，才是精确的故障点位置。

6. 如果地面上确实探测到跨步电压，但挖开后却找不到明显故障点，可通过放电时的声音和振动判断故障点的存在。

参考文献

[1] 徐丙垠 . 电力电缆故障探测技术［M］. 北京：机械工业出版社，1999.

[2] 史传卿 . 供用电工人技能手册：电力电缆［M］. 北京：中国电力出版社，2004.

[3] 罗俊华，等 . 10kV 及以上电力电缆运行故障统计与分析［C］// 全国第七次电力电缆运行经验交流会论文集，2004.